Sigrid Tinz

Der Friedhof lebt!

Orte für Artenvielfalt, Naturschutz und Begegnung

pala verlag

Inhalt

Warum es auf Friedhöfen so schön ist

Grüne Inseln voller Leben

Auf Friedhöfen war ich von klein auf viel und oft. Nicht weil sich in meiner Familie so besonders viel Tragisches zutrug, sondern weil meine Mutter als leidenschaftliche, halbprofessionelle Freizeitgärtnerin die Grabstellen der engen und weiteren Verwandtschaft mitversorgte, bepflanzte und hegte und pflegte. Fuhr sie zum Arbeitseinsatz, durften wir Kinder mit. Ich fand das immer schön. Und in meinen Kindheitserinnerungen habe ich auf all den Friedhöfen viel und Wichtiges erlebt: Den ersten Bienenstich meines Lebens zum Beispiel – und damit meine ich nicht den typischen Beerdigungskuchen –, sondern einen echten Stich mit Stachel, Gift und Schmerzen von einer Honigbiene, die auf Opas Grab Pollen sammelte. Dass Feuer heiß ist, weiß ich, seit ich den Deckel eines Grablichts aufmachte, um die Flamme besser sehen zu können. Mein 7-jähriges Ich grübelte, warum hinter jedem Grabstein eine eigene Gießkanne und Hacke versteckt war, obwohl es »aus Pietätsgründen« eigentlich verboten war. Ich lernte, dass ein gestern frisch ans Grab gebrachtes Rosengesteck heute schon weg sein kann – nicht weil es die Rehe gefressen hatten, sondern weil ein verzankter Verwandter dem anderen nicht gönnte, dem Verstorbenen auf seine Art nachzutrauern. Ich habe »containert«, bevor es so hieß, und mir vom Müllplatz immer mal wieder Blumen mitgenommen, die noch lebten, aber »raus« mussten, weil ihr Grabplatz dran war, neu bepflanzt zu werden. Und die für mich als Kind endlosen Reihen an gleichen schlichten Steinkreuzen, fast alle mit demselben Datum, vermittelten die tragische Sinnlosigkeit der Kriege, schon bevor ich rational darüber nachdenken konnte.

Mir war auch klar, dass hier echte Tote liegen: mein Opa, meine Oma, ein Kind aus der Parallelklasse, Arbeitskollegen meiner Eltern, eine gute

◀ Hohe Bäume, wilde Blumen – und der Lärm der Stadt bleibt draußen

Freundin meiner Mutter und der Vater meiner Freundin. Später dann wurden die Friedhöfe auf Schulausflügen wegen der Denkmäler besichtigt und um Gräber berühmter Personen zu sehen, der Bau- und Kulturgeschichte wegen und um sich an Kunst zu erfreuen – oder an Kitsch. Manche Leute haben Einhörner auf dem Grab, andere Engelchen mit nacktem Knack-Popo. Und die Namen und Verse auf den Grabsteinen erzählen Geschichten.

All das zusammen ist wohl der Grund für meine Liebe zu Friedhöfen. Wann immer ich Zeit und Gelegenheit habe, in der Freizeit oder auf Reisen, entscheide ich mich nicht für Shopping und Sehenswürdigkeiten, sondern dafür, den nächsten Friedhof zu besuchen. Es sei denn, es gibt einen botanischen Garten in vergleichbarer Nähe. Als Geoökologin bin ich immer neugierig auf Flora und Fauna. Allerdings ist auch das ein guter Grund, auf einen Friedhof zu gehen, ein sehr guter sogar. Denn hier gibt es jede Menge Tiere, Pflanzen und andere Lebewesen, von Allerweltsarten bis zu Rote-Liste-Vertretern. Weil auf Friedhöfen keiner rennt und tobt wie in anderen Parks, weil Hunde, Radfahrer und Autos draußen bleiben müssen und abends die Tore für alle geschlossen werden, weil hier rund ums Jahr viel grünt und blüht und große alte Bäume stehen, sind sie ein perfekter Rückzugsraum für die Natur.

Friedhöfe sind mein Hobby, könnte man sagen. Und für die Zeit der Arbeit an diesem Buch waren sie auch mein Beruf, mein Projekt; und ich habe es geliebt.

Bei aller Friedhofsliebe habe ich aber wenig übrig fürs Übernatürliche. Schon gar nicht für Vampire, Zombies, Ghule oder Satanisten oder was sich sonst so alles auf Friedhöfen tummeln soll. Eine Art mystischer Geschichten gefällt mir allerdings: Solche, in denen die Seelen der Toten innerhalb der Mauern »ihres« Friedhofs ihr Dasein fristen und friedlich und freundlich um die Lebenden herum sind, sobald diese das Tor durchschritten haben. Denn irgendwie fühlt es sich manchmal so an. Woran das liegt, weiß ich nicht. Vielleicht ist es wirklich so. Wer weiß. Vielleicht zeigt uns die Fülle der Gräber, dass wir nicht allein sind mit dem Schicksal, irgendwann zu sterben; und das verbindet. Vielleicht ist es die reiche Natur, die sich inmitten der stillen Friedhofsruhe sehr lebendig anfühlt. Es ist eigentlich egal. Wichtig ist, sich dessen bewusst zu sein. Denn Friedhöfe sind auch und in erster Linie Orte für Menschen, die hier ihre Toten bestatten, ihnen nahe sind, an sie denken. Die kleinen Naturparadiese, die so geschaffen wurden, wiederum sind tröstlich und zeigen den Menschen den Kreislauf des Lebens auf sehr lebendige Art und Weise.

Der Tod lächelt uns alle an, das Einzige, was man machen kann, ist zurückzulächeln, wusste schon der römische Kaiser und Philosoph Marcus Aurelius. Und Blumen sind das Lächeln der Natur.

Routenplaner durch das Buch

Ausflug ins Naturparadies

Das, was Sie in den Händen halten, ist ein Buch über Friedhöfe, aber es handelt nicht von Kultur und Baustilkunde oder Religion. Es ist ein Buch über Friedhöfe und ihre Natur, aber kein Naturführer und schon gar kein Bestimmungsbuch. Auch wenn es um Blumen und Bäume, Gräser und Moose, Flechten und Farne geht, um Pilze, um Vögel und Fledermäuse, Amphibien und Ameisen, um Spinnen, Schmetterlinge und Siebenschläfer. Es gibt keine alphabetischen Artenlisten und ich zähle auch keine Baumumfänge, lateinische Moosnamen oder den Inhalt von Gewöllen einzelner Vogelarten auf. Das machen andere Kolleginnen und Kollegen aus der Forschung, und zwar genauestens und gewissenhaft. Und das ist auch gut so. Denn so viele Friedhöfe ich auch besucht, so viele Tiere und Pflanzen oder Pilze ich gesehen habe, war es doch nur ein kleiner Ausschnitt. Deswegen gibt das Buch auch nur eine grobe Übersicht und es ist eine subjektive Bestandsaufnahme. Sie können es auch als einen Reisebericht bezeichnen oder als Lesebuch, in dem es weniger um den Tod, sondern viel mehr um das Leben und die Natur geht, aber zwischen den Zeilen auch immer um uns Menschen.

Ab Seite 47 werfen wir einen genaueren Blick hinter die Friedhofsmauern und auf das Gelände. Auf vielen größeren Friedhöfen gibt es am Eingang einen Lageplan: Wo liegen welche Berühmtheiten, wo ist die Leichenhalle und wo sind die Toiletten? Auch die Wege sind verzeichnet, und die einzelnen Gräberfelder mit den großen Parzellen für die Sargbestattungen und Familiengräber, die kleineren für Urnenreihengräber, sind darauf zu finden. Manche Friedhofsverwaltungen weisen auch ihre naturräumlichen Besonderheiten aus, zumindest alte Bäume als Naturdenkmäler. Vorzuzeigen hätte jeder Friedhof etwas, das nur nebenbei. Mancher zwar, verglichen mit der Wildnis, die auf einem

◀ Erstaunlich vielfältig ist die Flora und Fauna auf dem Friedhof

alteingewachsenen Waldfriedhof herrscht, eher wenig, aber eine Lichtung mitten im Großstadtdschungel, eine Insel in der Dorftristesse, eine Oase in der Agrarwüste, das ist jeder Einzelne auf jeden Fall.

Einen solchen Plan vor Augen, wandern wir durch die verschiedenen Bereiche eines typischen Friedhofs – durch die Vielfalt der Lebensräume – und ich zeigen Ihnen, wo Sie hinschauen und worauf Sie achten können, wo es was zu sehen gibt, was wichtig und schön, was typisch und besonders ist.

Zu jedem Abschnitt gibt es eine kleine Anregung, wie dieser spezielle Lebensraum auf dem Friedhof noch schöner und artenreicher werden könnte. Manches kann man sicherlich nur im Großen anstoßen, mit dem Kirchenvorstand, der Stadtverwaltung oder dem Naturschutzverein: Blumenwiesen anlegen und Insektennisthilfen aufstellen etwa. Daneben gibt es aber viele Kleinigkeiten, die jede und jeder von uns, und wenn es nur bei einem Besuch ist, tun kann – oder lassen kann. Sich nicht beschweren zum Beispiel, wenn rund um den Wasserbrunnen Disteln wachsen oder ein eingesunkener, efeuüberwachsener Grabstein kaum noch zu erkennen ist. Das ist vermutlich keine »Schlamperei«, sondern vielfach Absicht: An Disteln fressen Schmetterlingsraupen und die Samen mögen die Vögel; auf dem Grabstein wachsen seltene Moosarten und unter ihm lebt vielleicht eine Dachsfamilie oder sonst jemand aus der bunten Arten-WG der Friedhofsfauna.

Einige Tiere werde ich Ihnen bei jedem beschriebenen Lebensraum in Kurzform genauer vorstellen: Typische Arten, die Sie mit ein bisschen Geduld und Glück auch selbst antreffen werden; auch seltene, die hier auf Friedhöfen oft noch ein Refugium haben. Interessante Arten, niedliche und solche, die sich gut beobachten lassen, wenn man weiß, wie und wo. Und auch einige der Arten, die Sie mit hoher Wahrscheinlichkeit nicht sehen, es sei denn, Sie nehmen eine Schaufel mit oder lassen sich nachts einschließen.

Ich bin weder Fledermausexpertin noch Sepulkral-Historikerin oder Friedhofsverwalterin. Alle diese Fachmenschen wissen in ihrem jeweiligen Bereich mehr, als ich überhaupt ahne, dass man es wissen könnte.

Der Natur mehr Raum geben, heißt auch »Unordnung« zulassen

Gemessen daran, ist alles, was ich in diesem Buch schreibe, ein Blick auf die Oberfläche des Großen und Ganzen. Ich bitte alle Fachmenschen, mir das nachzusehen. Mein Wunsch ist es, allen Nichtfachmenschen, Alltagsfriedhofsfans und solchen, die sich den Themen Tod oder Natur nahe fühlen, zu zeigen, welch ein Paradies ein solcher Friedhof ist oder sein kann. Dabei möchte ich auch zeigen, wie alles mit allem zusammenhängt, Kultur und Natur, Flora und Fauna, Leben und Tod. Auch wer dieses Buch nicht aus Interesse am Leben auf dem Friedhof in die Hand genommen hat, sondern weil der Tod es nötig macht, sich damit zu beschäftigen, wird hoffentlich Antworten auf konkrete Fragen bekommen.

Eine kleine Liste von Friedhöfen habe ich für jeden vorgestellten Lebensraum ebenfalls zusammengestellt, mit schönen Beispielen, sehenswerten Orten. Aber: Sie ist nicht repräsentativ und vor allen Dingen nicht vollständig. Es gibt Tausende Friedhöfe und ich habe noch nicht mal hundert besucht. Wenn Sie schöne, sehenswerte, noch artenreichere Friedhöfe kennen, dann schreiben Sie mir oder posten Sie es unter #DerFriedhoflebt! bei Instagram, wo auch ich regelmäßig Bilder und Beiträge zum Thema Friedhof veröffentliche. Denn auch nach dem Erscheinen dieses Buches werde ich weiter auf Friedhöfen unterwegs sein. Jetzt wieder nur aus Liebe zu Friedhöfen. Als Hobby. Vielleicht wird es ja auch Ihres.

Reihengrab und Ruhefrist: ein kleines Friedhofsvokabular

Auch wenn wir uns vorrangig mit Blumen und Bienen, Flechten und Vögeln und den Lebensräumen beschäftigen werden: Der Friedhof hat in seiner Funktion als Begräbnisstätte viele Regeln und feststehende Begriffe, die zu kennen hilfreich ist. Ein kleines bisschen geht es jetzt deshalb doch um Epochen und Sepulkral-Kultur, Religion, Denkmalschutz und die Psychologie des Trauerns und unseren Umgang mit dem Tod. Damit nachher beim Rundgang alle wissen, was ich meine, wenn ich vom Reihengrab und Mausoleum erzähle. Außerdem erfährt man bei der genaueren Auseinandersetzung mit den Begrifflichkeiten auch einiges über den Friedhof an sich. Wie er heute ist und wie er so geworden ist. Friedhöfe existieren ja nicht seit Anbeginn, im Gegenteil, so lange gibt es sie in der heutigen Form noch gar nicht. Und seitdem haben sie sich auch schon oft verändert und sie werden es auch in Zukunft tun. Wer sich bereits auskennt und oder kein Interesse daran hat, kann diese Seiten überblättern oder nachschlagen, wenn ich auf der Führung über den Friedhof von Grabzeichen, Gemeinschaftsgrab oder Gruft schreibe und es dann doch im Detail wissenswert ist. Dieser kleine historische, juristische und sachliche Exkurs durch das Nötigste der Theorie ist stichwortartig und alphabetisch angelegt:

Bestattung: der neutrale Oberbegriff für alles, was auch unter Beerdigung, Beisetzung, Begräbnis firmiert. Also das, was mit den Toten oder den sogenannten sterblichen Überresten passiert, ob sie nun in die Erde gelegt oder verbrannt oder dem Wasser übergeben werden. In aller Regel geht es nicht nur darum, sie würdevoll beizusetzen. Die Zeremonien und Rituale sollen den Toten die Reise ins Jenseits leicht machen – damit nach einer hoffentlich guten Ankunft sich die Hinterbliebenen beruhigt wieder ihrem Leben zuwenden können.

Bestattungsarten: Erdbestattung oder Einäscherung sind die Möglichkeiten, die hierzulande gewählt werden können. Bei einer

Erdbestattung wird der verstorbene Mensch in einem Sarg oder in ein Tuch gewickelt in die Erde gelegt. Bei einer Feuerbestattung wird der Mensch in einem Krematorium verbrannt, samt Sarg. Die Asche wird in eine Urne gegeben und dann bestattet oder die Asche wird verstreut. Feuerbestattung war in der Antike die übliche Methode, auch viele andere Kulturen gingen und gehen durchs Feuer in die ewigen Jagdgründe, nach Walhalla und ins Nirwana. Das Christentum verbot die Kremation, eine Auferstehung des Fleisches schien dann nur schwer möglich zu sein. Im 19. Jahrhundert wurde sie dann per Bürgerbewegung wieder durchgesetzt, mit Unterschriftensammlung und den sogenannten Feuerbestattungsvereinen, in denen sich die Anhänger zusammentaten. Es gab Zeitschriften, einen Dachverband und einen Haufen Argumente: von Hygiene bis Platzverbrauch. Das erste Krematorium in Deutschland wurde 1878 in Gotha gebaut, in der Schweiz 1889 in Sihlfeld, in Österreich 1922 in Simmering. Heute sind in allen drei Ländern mehr als zwei Drittel aller Bestattungen Feuerbestattungen. Mit der Asche kann man dann so allerlei machen, wenn das jeweilige Land es gestattet. Diamanten pressen lassen, zum Beispiel. Das wird allerdings kein üppiger Klunker, sondern ein perlengroßes dezentes Schmuckstück – auch nur aus einem Teil der Asche – und das Verfahren kostet weit über zehntausend Euro. In Deutschland ist das verboten; lässt man sich aber in einem anderen Land, wo es erlaubt ist, bestatten, kann man über diesen Umweg doch zu einem Erinnerungsdiamanten werden.

Bestattungswesen: kein wissenschaftlich definierter Begriff, sondern eine Zusammenfassung all derer, die sich mit dem befassen, was rund um einen Todesfall und eine Bestattung zu tun ist. Ganz früher erledigten das meiste die Angehörigen selbst, mithilfe weiser Frauen. Hebammen waren auch oft Leichenwäscherinnen, sie halfen beim Übergang ins Leben und in den Tod. Nach und nach ließ sich mit allem rund um einen Todesfall Geld verdienen: prunkvolle Särge bauen, Grabsteine meißeln, Tote transportieren – und nach und nach übernahmen die Männer das Geschäft. Sargbauer und Steinmetze,

Bestattungsunternehmer und Friedhofsbetreiber, Trauerredner und Gasthofbetreiber, Caterer und natürlich auch Gärtnereien teilten sich die Arbeit und den Verdienst. Mittlerweile sind aber auch wieder viele Frauen in der Branche tätig.

Friedhof: das Areal, auf dem die Toten bestattet werden. So umfassend wie wir heute den Begriff gebrauchen, suggeriert er eine allgemeine und überzeitliche Gültigkeit, die er nicht hat. Friedhöfe sind noch nicht sehr alt. Sehr alt allerdings ist die Tatsache, dass Menschen ihre Toten bestatten. Archäologisch belegt sind Bestattungen im heutigen Israel vor 100 000 Jahren, in Europa vor rund 30 000 Jahren. Zuvor sollen bereits die Neandertaler ihre Toten beigesetzt haben. In der Antike gab es monumentale und extravagante Bestattungen: in Ägypten, Griechenland, bei den Persern und im Römischen Reich; Kelten und Wikinger und alle Völker, die heute unter dem Kunstbegriff »Germanen« gefasst werden, haben ihre Toten ebenfalls bestattet. Dann kam das Christentum, das unsere aktuelle Bestattungskultur wesentlich geprägt hat. Bestattet wurde in den ersten Jahrhunderten nach Christus direkt in und an der Kirche. Der Abstand zum Altar war damals Statussymbol: Je näher ein Grab an den Reliquien und am Reich Gottes lag, desto privilegierter war der Tote zu Lebzeiten. Fürs Volk blieb der Kirchhof – auf dem übrigens keine Grabesruhe herrschte: Hier tagte das Gericht, es war Markt und es wurde gefeiert, es gab Obstbäume, Handwerkerhütten, Suppenküchen. Im Mittelalter kamen die Pest und andere Krankheiten, so viele Tote in kurzer Zeit konnten die kleinen Kirchhöfe nicht aufnehmen. Erste Erkenntnisse zur Hygiene und die Gedanken von Kirchenkritiker Martin Luther, dass es nicht wichtig ist, ob ein Toter neben einer Reliquie bestattet ist oder nicht, führten dazu, dass »Gottesäcker« angelegt wurden. Draußen vor der Stadt. Erst protestantisch schlicht, dann erbaulich bepflanzt, angelegt wie kleine Gärten. Dann bauten sich reiche Leute dort prunkvolle Grabmale, später in der Romantik wurden Bäume gepflanzt, es wurden noch mehr neue Friedhöfe gegründet. Mit der Industrialisierung wuchs die Bevölkerung stark – und dementsprechend starben auch mehr

Am Rande: eine Ökobilanz des Todes

Eine Bestattung im Sarg in der Erde benötigt viel Platz. Eine Einäscherung verbraucht viel Energie: ungefähr so viel, wie ein Mensch hierzulande zu Lebzeiten durchschnittlich im Monat verbraucht. Jede Verbrennung produziert CO_2 und weitere Emissionen; außerdem wird ja auch der Sarg mitverbrannt. Särge gibt es zwar auch aus biologisch abbaubarer Zellulose, die weit weniger CO_2 freisetzen als Holzsärge. Dafür produzieren sie nicht so viel Hitze und bei der Einäscherung wird mehr Erdgas benötigt.

Ein klares Für und Wider gibt es deshalb nicht. Eindeutig richtig ist es aber, beim Sarg darauf zu achten, dass er nicht aus Tropenhölzern gezimmert ist. Er sollte auch nicht mit schadstoffhaltigen Farben und Lacken behandelt sein, dasselbe gilt für die Urne – die es übrigens auch aus schnell zersetzbarem Material gibt. Das wiederum ist wieder eine zwiespältige Sache. Die wenigsten Menschen bestehen zum Zeitpunkt ihres Todes nur aus reiner Natur, aus Kohlenstoff und Wasser und Spurenelementen, sondern sind mit chemischen Substanzen aus Medikamenten und Genussmitteln angereichert, haben Zahnfüllungen und andere Ersatzteile im Körper. All das sollte nicht in konzentrierter Form in die Natur und ins Grundwasser gelangen.

Bei der Grabstelle ist es wichtig, auf die Art der Bepflanzung zu achten und auf die Herkunft des Grabsteins. Viele Friedhöfe erlauben nur zertifiziert kinderarbeitsfreie Steine. Aber auch dann werden in den Ländern des globalen Südens Steine oft unter menschenunwürdigen und ökologisch katastrophalen Bedingungen abgebaut, außerdem kommt dann noch der lange Transportweg dazu. Grabsteine aus Naturstein aus der Region sind die bessere Wahl, genauso wie es sinnvoll ist, sich einen Friedhof zu suchen, der nach ökologischem Konzept arbeitet – wenn die Anfahrtswege für die Angehörigen dadurch nicht unnötig weit werden.

Es ist wie immer: Einerseits wäre es so einfach, wenn es das Andererseits nicht gäbe. Allerdings: Wie groß unser ökologischer Fußabdruck ist, den wir auf dieser Erde hinterlassen, dafür ist der letzte Gang nicht entscheidend. Da gibt es zu Lebzeiten deutlich mehr zu lassen und zu tun.

Menschen. Die Kriege des 20. Jahrhunderts bezahlten zusätzlich unzählige Menschen mit ihrem Leben.

Die meisten der heute noch genutzten Friedhöfe sind nicht älter als hundert oder zweihundert Jahre. Heute gibt es Waldfriedhöfe, Parkfriedhöfe oder Alleefriedhöfe, es gibt Zentralfriedhöfe, Stadtteilfriedhöfe, Dorffriedhöfe, Seemannsfriedhöfe und Soldatengräber. Sie sind nicht so voll und ausgelastet, wie man damals bei ihrer Gründung annahm. Das Bevölkerungswachstum setzte sich nach dem Zweiten Weltkrieg nicht so stark fort wie gedacht. Außerdem wurden Urnenbestattungen üblicher, neuerdings auch Gemeinschaftsgräber – beides braucht weniger Platz. Mehr und mehr gibt es bei uns auch von anderen Kulturen geprägte Friedhöfe. Und trotz aller Vielfalt und Verschiedenheit: Wenn wir einen Friedhof sehen, wissen wir, dass es einer ist.

Friedhofsordnung, auch Friedhofssatzung: enthält alle Regeln, die wichtig sind, Grabartenauswahl, Kosten, Ruhefristen, Zuständigkeiten und Richtlinien zur Nutzung der Trauerhalle, Öffnungszeiten, Ablauf von Trauerfeiern und ein detailliertes Regelwerk über Grabgrößen, Grabbepflanzung und Gestaltung sowie mögliche Ausnahmegenehmigungen. Die Satzung legt der jeweilige Friedhofsträger fest, unter Einhaltung der bundes- oder landesweit geltenden Bestattungsgesetze. Wie strikt eine solche Satzung manchmal ist und wie sehr das mit Argumenten wie Totenwürde und Pietät begründet wird, hat meist mit Benimmregeln und Moralvorstellungen zu tun oder auch mit wirtschaftlichen Notwendigkeiten. Wenn beispielsweise kein Blumenschmuck auf dem Wiesengrab abgelegt werden darf, ist das erstens Geschmackssache und zweitens eine Frage der Arbeitsorganisation, denn man kann die Wiese dann leichter mähen.

Leben ist Veränderung und der Umgang mit den Toten verändert sich auch. Und so gibt es mehr und mehr Friedhöfe, die ökologische Standards in ihre Satzungen aufnehmen und mit offenen Ohren für besondere Wünsche und Ideen um Kundschaft werben. Sie machen vieles möglich, was vor zehn Jahren noch unmöglich und vor allem »pietätlos«

Imposante Grabstätten zieren alte Stadtfriedhöfe wie hier in Hannover ▶

war. Schaut man sich auf solchen Friedhöfen um, werden sie dadurch meistens nur schöner, menschlicher und lebendiger.

Friedhofsträger: Friedhöfe sind hierzulande in der Trägerschaft von Kirchengemeinden und Kommunen. Und auch sogenannte Religions- und Weltanschauungsgemeinschaften des öffentlichen Rechts können eigene Friedhöfe betreiben. Das Friedhofswesen ist Sache der einzelnen Bundesländer und in Friedhofs- oder Bestattungsgesetzen geregelt, die wiederum von den Friedhofsträgern verwaltet und umgesetzt werden.

Friedhofszwang: Hierzulande müssen Tote auf dem Friedhof oder auf einer anderweitig dafür gesetzlich vorgesehenen Stelle beigesetzt werden. Die Gründe: Hygiene, Totenfürsorge, Trauerarbeit, Pietät. So haben es die Preußen festgelegt. In den 1930er-Jahren wurde der Friedhofszwang dann auch auf Urnen und Aschen erweitert. Deutschland und auch Österreich haben ein eher strenges Bestattungsgesetz. Seit Kurzem darf sich, wer aus religiösen Gründen will oder muss, auch in einem Tuch statt in einem Sarg bestatten lassen. Und in Bremen kann man vor dem Tod beim zuständigen Amt mit einer Bestattungsverfügung erklären, dass man seine Asche nicht auf dem Friedhof beerdigt, sondern im eigenen Garten oder auf einer öffentlichen Fläche verstreut haben möchte. In der Schweiz und vielen europäischen Nachbarländern können Angehörige schon immer über die Asche selbst verfügen und die Urne mit nach Hause nehmen. Für immer oder für eine gewisse Zeit, bis sie dann doch auf einem Friedhof oder an einem anderen Ort ihre letzte Ruhe finden soll.

Die Pflicht, einen bestimmten Friedhof zu wählen, gibt es nicht, unabhängig vom Wohnort ist die Wahl da frei. Manche Friedhofsverwaltungen vergeben Grabstellen aber vorrangig an die Einwohnerschaft ihrer Gemeinde, wenn die Plätze knapp sind.

Grabarten: Ein Grab ist die Stelle, an der die Toten, mit oder ohne Sarg, oder deren Asche, mit oder ohne Urne, bestattet werden. Auf unseren Friedhöfen gibt es ganz bestimmte Grabarten: Wahlgräber sind die, deren Ort man aus dem, was der Friedhof aktuell im Angebot hat,

◀ Mit der veränderten Begräbniskultur bleiben mehr und mehr Flächen frei

wählen kann. Bei Reihengräbern bekommt man das Grab zugeteilt, das gerade an der Reihe ist. Bei dieser Grabart kann die Nutzungsdauer nicht über die Ruhefrist hinaus verlängert werden. Bei Wahlgräbern ist das möglich, sie können außerdem für mehrere Personen benutzt werden. Familiengräber sind meistens Wahlgräber.

Wahl- und Reihengräber gibt es sowohl für Erdbestattungen als auch für Urnenbestattungen.

Die Urnengräber sind meist kleiner, oft sind sie nur etwa einen Quadratmeter groß.

Werden mehrere Menschen gemeinsam auf einer Grabstelle beerdigt, nennt man das Gemeinschaftsgrab, streng genommen sind auch Familiengräber Gemeinschaftsgräber; aber die Toten haben dann eine verwandtschaftliche Beziehung. Das ist bei den anderen Gemeinschaftsgräbern nicht so, hier verbindet nur das Thema, das sie zumeist gemeinsam haben. Auch Baumbestattungen erfolgen oft in Form eines Gemeinschaftsgrabs. In Bestattungsforsten ist das die einzige Grabart, zulässig sind dort nur Urnengräber. Auf vielen Friedhöfen wird das Bestatten eines Toten oder seiner Asche unter einem Baum als eine Möglichkeit von mehreren angeboten.

Ein kleines Schild zeigt bei den Gemeinschaftsgräbern meist den Namen der Bestatteten an, aber nicht immer. Anonym ist die Bestattung trotzdem nicht, denn die Angehörigen oder die Friedhofsverwaltung wissen, wer wo liegt.

Grablose Bestattung: Darunter fällt in erster Linie die Seebestattung, die eigentlich mal als Notlösung eingeführt worden war, für Menschen, die auf einem Schiff gestorben sind und die man nicht noch tage- bis wochenlang durch die sieben Weltmeere schippern wollte. Seebestattungen sind heute ein kleiner Trend. Genutzt von Menschen, die beruflich mit dem Meer zu tun hatten oder eine anderweitige enge Verbindung mit dem Meer hatten, sowie von Kreuzfahrtfans. Die Asche wird außerhalb der 12-Meilen-Zone in einer wasserlöslichen Urne ins Meer geworfen, dazu gibt's Fahnen und Fanfaren und ein Kreuz auf der

Seekarte. Weil man dort aber selten hinkommt, bieten viele Friedhöfe an den Küstenorten Gedenkstätten für Seebestattete an.

Das Verstreuen der Asche auf einer dafür ausgezeichneten Fläche des Friedhofsgeländes gehört in Nordrhein-Westfalen zu dieser Art der grablosen Bestattung, allerdings nur, wenn dies testamentarisch so verfügt wurde.

Ebenfalls grablos ist die vor allem in Indien übliche Flussbestattung, bei der die Totenasche in einen Fluss geschüttet wird. Hierzulande ist es verboten, in den Niederlanden zum Beispiel aber erlaubt. In der Schweiz kann man sich auch luftbestatten lassen: Ein Wetterballon bringt dabei die Asche in die höheren Schichten der Atmosphäre und verstreut sie dort.

Grabmal: der Oberbegriff für alle Erinnerungszeichen, die das Grab individuell kennzeichnen – kompliziert ausgedrückt. Meist sagt man »Grabstein«, aber es ist ja nicht immer ein Stein. In manchen Gegenden sind Kreuze aus Holz oder aus Metall traditionell vorherrschend. Aber es gibt auch Skulpturen aus Glas oder Kunststoff sowie moderne Kunst auf dem Grab, manchmal auch nur ein kleines Schild. Eine Zeit lang war es Mode, sich eine Steinskulptur fürs Grab meißeln zu lassen. Auf älteren Friedhöfen sieht man eine Vielzahl von Figuren: Engel, edle Frauen, Helden, Adler, Löwen und sogar Einhörner.

Grabpflege: Die Friedhofssatzung verlangt zumeist, dass ein Grab in einem »ansprechenden würdevollen Zustand« zu halten ist. Oft ist auch das noch genauer gefasst: Wie hoch die höchste Pflanze sein darf, welche Materialien verwendet werden dürfen und ob und wenn ja, aus welchem Material das Grab eine Umrandung haben muss. Des Weiteren, ob hinter dem Grabstein etwas angepflanzt werden darf, ob und welche Dekoration die Angehörigen aufs Grab legen dürfen, ob es Grablichter, Kunststoffblumen oder Gartengeräte am Grab geben darf und vieles mehr. Je nach Grabart ist dies unterschiedlich. Baum- und Wiesengräber sollen beispielsweise ganz ohne Grabschmuck auskommen. Denn hier übernimmt die Friedhofsverwaltung die Grabpflege, Blumengestecke sind dabei im Weg.

Gräberfeld: Meist liegen mehrere Gräber in Gruppen zusammen auf einem bestimmten Areal des Friedhofs. Das nennt sich dann »Gräberfeld«. Diese Gruppen sind oft in Abteilungen sortiert und mit Nummern versehen, damit man sich ein bisschen besser orientieren kann: Feld 3, Abteilung 7, Reihe 12, Grab 48.

Gruft: Streng nach dem bestatterischen Vokabular ist die Gruft ein gemauerter Raum, in den ein Sarg gestellt wird. Ist die Gruft unterirdisch, kann darüber eine normale Grabstelle sein oder auch ein »Mausoleum« genanntes kleines Häuschen. Manchmal stehen die Särge auch einfach nur so im Mausoleum – dann ist das auch gleichzeitig die Gruft.

Kindergräber und Sternchenflächen: Tote Kinder haben oft eigene Grabfelder, auf denen alles ein bisschen kleiner, bunter, lebendiger und trauriger zugeht. Selten sind die Gräber friedhofstypisch mit Immergrün, Zierkonifere, Begonien und Chrysanthemen geschmückt, sondern sehr viel individueller. Außerdem gibt es auf vielen Friedhöfen Gemeinschaftsgräber für sogenannte Sternenkinder, die »den Himmel und die Sterne erreicht haben, noch bevor sie das Licht der Welt erblickt haben« – also tot geborene Kinder, die, wenn sie weniger als 500 Gramm wiegen, laut Gesetz bis 2013 keine Personen im eigentlichen Sinne waren. Wenn die Eltern das möchten, können sie jetzt beim Standesamt beurkundet und bestattet werden. Auch die Krankenhäuser organisieren für Tot- und Fehlgeburten in regelmäßigen Abständen Bestattungen.

Leichenhaus: Früher wurden die Toten zu Hause aufgebahrt und aufbewahrt, bis das Grab ausgehoben war. Dann ging es im Trauermarsch durchs Dorf zum Friedhof zur Beerdigung. Mit der Zeit der Industrialisierung wurden die Städte größer, die Wohnungen kleiner und die Wege zum Friedhof weiter, sodass ein Bestatter die Toten abholte. Für die Zeit zwischen Abholung und Bestattung brauchte es Räumlichkeiten, Leichenhallen wurden gebaut, die nach und nach auch über immer bessere Kühlmöglichkeiten verfügten.

Heute gibt es für all das genaue Fristen. So müssen Verstorbene innerhalb einer bestimmten Zeit in ein Kühlhaus gebracht werden. Jedes Bundesland regelt das in Deutschland für sich, meist sind das 24 bis 36 Stunden, die der oder die Tote zu Hause, im Hospiz oder Heim oder Krankenhaus im Abschiedsraum bleiben kann. In Österreich sind ebenfalls die Bundesländer zuständig, in der Schweiz die Kantone. Die Fristen bewegen sich überall in ähnlicher Größenordnung. Ebenfalls geregelt ist, wann Tote frühestens bestattet werden dürfen – meist sind das 48 Stunden – und bis wann sie spätestens bestattet werden müssen: in der Regel nach vier Tagen.

Die Gründe für die Fristen liegen in der Historie: Mit der Wartezeit sollte verhindert werden, einen Menschen »scheintot« lebendig zu begraben. Auch ein Gewaltverbrechen kann nicht so leicht vertuscht werden, wenn man den Toten nicht sofort unter der Erde verschwinden lassen darf. Begrenzt war die Bestattungsfrist durch hygienische Aspekte, als es noch keine geeigneten Aufbewahrungsmöglichkeiten gab. Seit die Leichenhäuser und auch die Bestattungsunternehmen über immer bessere Kühlmöglichkeiten verfügen – und die Medizin über genauere Diagnostik –, sind die Fristen nicht mehr so immanent wichtig. In manchen Bundesländern dürfen Tote bereits nach 24 Stunden bestattet werden. Bis zum Termin dürfen bis zu zehn Tage verstreichen. Per Ausnahmegenehmigung ist meist noch mehr Flexibilität möglich. So kommen die Bestattungsfristen den Angehörigen und ihren jeweiligen kulturellen Gepflogenheiten entgegen; und der Tatsache, dass heute die Verwandtschaft weit verstreut lebt und die Anreise zur Trauerfeier und zur Bestattung nicht von heute auf morgen organisieren kann.

Heute sind die Leichenhäuser oft auch Begegnungsräume, in denen die Trauerfeiern abgehalten werden können.

Mausoleum: Der klingende Name für die kleinen Häuschen auf Gräbern und über Gruften soll auf einen gewissen Maussolos von Halikarnassos zurückgehen, ein persischer Adliger, der vor mehr als 2000 Jahren gestorben ist. Er war wohl der Erste, der sich als Grabmal einen solchen

◀ Mit Grabstein, Figur oder Bodenplatte: individuelle Orte des Gedenkens

kleinen Tempel über seinen sterblichen Resten bauen ließ. Das fanden dann andere Adlige sehr schick und bestellten für ihre Ruhestätten auch so ein Haus wie Maussolos.

Ordnungsbehördliche Bestattung: Lassen sich für einen Toten keine Angehörigen ermitteln, organisiert die Kommunalverwaltung die Bestattung, meist anonym ohne Namenstafel und ohne Grabstein, und bezahlt sie auch. Etwas anderes ist es, wenn die Angehörigen kein Geld haben, dann können sie beim Sozialhilfeträger beantragen, das Geld für eine normale Bestattung zu bekommen.

Ruhefrist: die Zeitspanne, die eine Leiche in ihrem Grab bleiben und in der das Grab gepflegt werden darf – oder muss. Das hat wenig mit Pietät zu tun oder damit, ob wirklich Trauerarbeit und Totenfürsorge abgeschlossen sind, sondern ganz handfest damit, wie lange es dauert, bis ein toter Körper komplett in den Kreislauf der Natur zurückgefunden hat. Das hängt hauptsächlich von der Art des Bodens und der Art der Bestattung ab und liegt zwischen zehn und vierzig Jahren. Das Nutzungsrecht erstreckt sich auf jeden Fall auf diese Zeit, das kann man aber auch gegen weiteres Entgelt verlängern. Nach Ablauf der Ruhefrist wird das Grab abgeräumt und neu belegt.

Sarg: In Deutschland, Österreich und der Schweiz besteht Sargpflicht, jede Leiche braucht einen, als Behältnis für den Transport, die Aufbahrung und die Bestattung – in der Erde und auch, wenn sie feuerbestattet wird. Der Sarg wird mitverbrannt. Die meisten Särge sind aus Holz. Ganz schlicht aus Fichte oder Kiefer oder aufwendig aus polierter Eiche, weich gepolstert und mit aufwendigen Griffen und Beschlägen. Ausnahmen von dieser Regel sind teilweise aus Glaubensgründen erlaubt.

Totenfürsorge: meint die Pflicht der Angehörigen, sich mit einer gewissen Sorgfalt um einen Verstorbenen zu kümmern. Hat der oder die Tote keine Angehörigen, übernimmt dies die zuständige Kommune. Anständig, aber ohne viel Aufwand.

»Der Tod hat also keine Bedeutung für uns; denn so lange wir da sind, ist der Tod nicht da, wenn aber der Tod da ist, dann sind wir nicht da«, so soll es der antike römische Philosoph Epikur formuliert haben. Im Grunde dient die Totenfürsorge eher den Lebenden, ihrem Gefühl, den Toten gut ins Jenseits geholfen zu haben und sich dann selbst wieder dem Leben zuwenden zu können. So entstanden Friedhöfe: Orte, in denen man mit den Toten zusammen sein kann, außerhalb der Alltagswelt. Aus Sicht des Artenschutzes ist Totenfürsorge von Vorteil. Die Angehörigen der Toten beschenken uns mit der reichen Natur, die sich auf dem Friedhof wohlfühlt.

Urne: das Behältnis, in das die Asche gegeben wird, wenn die Toten feuerbestattet wurden. Die Urne kommt danach ins Grab oder unter freiem Himmel in eine Mauer mit dafür vorgesehenen Fächern oder in ein »Kolumbarium« genanntes Gebäude. Urnen gibt es aus leicht verrottbarem Material oder aus Edelstahl, schlicht oder aufwendig verziert. Eine besondere Variante ist die Wasserurne, eine aus einzelnen Lamellen aufgebaute Metallkugel, die oberirdisch auf der Begräbnisstätte steht. Mit einem langen Rohr ist sie mit tieferen Erdschichten verbunden. Durch die Lamellen läuft oben Regenwasser hinein und nimmt so nach und nach die Asche mit in den Erdboden.

Am Rande: online bestattet

Online-Friedhöfe sind Websites, auf denen für Verstorbene eine oder mehrere Gedenkseiten erstellt werden können. Es gibt verschiedenste Anbieter und verschiedenste Angebote. Manche sind umsonst, manche kosten Geld. Manche sind nicht viel mehr als eine Traueranzeige wie in der Zeitung – nur im Netz. Andere sind aufwendig wie echte Friedhöfe gestaltet, man kann virtuell darüberlaufen und ein echtes – virtuelles – Grab besuchen. Freunde und Verwandte können Nachrichten posten oder Kerzen anzünden. So ein Internetfriedhof ersetzt natürlich nicht den echten. Aber in Zeiten von internationalen Beziehungen und Familien, die über alle Kontinente verstreut sind, ist es ein Ort, an dem sich dann alle zum Gedenken versammeln können, ohne ins Flugzeug steigen zu müssen, was zum Beispiel in Zeiten von Pandemien oder anderen Krisen auch oft gar nicht möglich ist.

Wer lebt hier und warum so viele?

Vögel, Flechten, Fledermäuse …

Die Sonne scheint, auf den Steinen der alten Mauer sonnen sich Eidechsen. Ein Stück weiter ziehen Ameisen entlang, sie tragen geschäftig Samen in den Bau. Im Efeudickicht raschelt es, eine Amsel fliegt heraus. Weiter unten im Laub schnauft eine Igelfamilie, am feuchten Fuß der Mauer verdösen Kröten den Tag. Eine Blattschneiderbiene brummselt vorbei, etwas schwerfällig, denn das Stück Rosenblatt, das sie schleppt und mit dem sie die Niströhre für ihr Ei tapezieren wird, ist beinahe dreimal so groß wie sie selbst. Ein Kuckuck ruft und überall pfeifen, flöten, piepsen und gurren Vögel. Die ganze altbekannte Artenschar von Amsel bis Zaunkönig lebt hier, aber auch seltene Arten wie Goldhähnchen oder Trauerschnäpper. Ein Specht klopft am Stamm einer Kiefer, auf dem moosweichen Weg hopst ein Rotkehlchen. Die Tiere sind an Menschen gewöhnt und vorsichtig, aber nicht scheu. Der Reiher am kleinen Teich hebt nur träge ab, geht man an ihm vorbei. Ein Stück weiter landet er sofort wieder. Libellen schwirren hin und her, eine Entenfamilie watschelt quakend und schnatternd zum Wasser. Eichhörnchen klettern die Bäume hoch und springen von Ast zu Ast. Überhaupt, die Bäume: knorrige Eichen, hohe Birken und schlanke Kiefern, uralte Buchen, roter Ahorn, Trauerweiden. Durchs Laub fällt Sonnenlicht auf Wiesen voll blühendem Klee. Hummeln und Bienen suchen Nektar, Schmetterlinge flattern elegant von einer Blüte zur nächsten. Im Schatten funkelt der Tau auf Grashalmen und Spinnennetzen wie Perlen.

Das Paradies? Nein. Nur ein mittelgroßer, mittelalter Friedhof in einer normalen Stadt. Ein Friedhof, wie es ihn hundertfach gibt. Jeder von ihnen ist aber ein ganz besonderer Ort. Friedhöfe sind Stätten für unsere Toten,

◀ Friedhöfe sind wertvolle Oasen für Pflanzen und Tiere

für unsere Trauer und für die Erinnerung. Spirituelle Orte der stillen Besinnlichkeit, egal, ob wir religiös sind und wenn ja, welcher Religion wir anhängen. Friedhöfe sind aber auch eine Mischung aus Park und Museum, sie stecken voller Kulturgeschichte, Kunst und Kitsch. Sie sind Zeugen der Gartengestaltungsmoden vieler Jahrzehnte. Friedhöfe sind grüne Inseln, dicht bepflanzt mit Bäumen, Büschen und Blumen. Besonders in Städten übernehmen sie als Ausgleich zu Beton und Asphalt wichtige klimatische und ökologische Funktionen: Sie kühlen die Luft, filtern Feinstaub, speichern Kohlendioxid, produzieren Sauerstoff und lassen Regenwasser in den Boden sickern, das auf versiegelten Flächen sonst ungenutzt in die Kanalisation rauscht. Auch auf dem Land sind die Friedhöfe Oasen in der meist intensiv genutzten Agrarwüste. Rasenflächen und Säume, Wege, Komposthaufen, Grabbepflanzung, Efeuranken, Sträucher und Bäume, das alles bildet ein eng verzahntes Mosaik aus Kleinstlebensräumen voller Futter. Grabsteine und Mauern sind kleine Extra-Habitate, die es an diesem Ort ohne menschliches Zutun so nicht gäbe: Je nach Art des Friedhofs entstehen dort auf einmal jede Menge kleine Felsen.

Mit ihrer Fülle an Arten und Lebensräumen sind Friedhöfe außerdem wichtige Trittsteinbiotope. Denn schaut man sich unser Land von oben an, gibt es einige Naturschutzgebiete als große grüne Flecken, viele Wälder, Flusstäler und Seen, sehr viel Beton und Stein der Städte und dazwischen oft nichts. Kleine grüne Friedhöfe ermöglichen den Arten, wie Trittsteine in einem Fluss, zum Beispiel von Naturschutzgebiet zu Naturschutzgebiet zu gelangen. Und viele bleiben natürlich auch. Friedhöfe sind perfekte Rückzugsräume für Tiere und Pflanzen, auch und gerade weil hier nachts Ruhe herrscht. Und weil es dunkel ist.

Licht ist zwar nicht dreckig, aber wenn es zu viel davon zur falschen Zeit gibt, spricht man dennoch von Lichtverschmutzung. Global brennt an immer mehr Häusern, Straßen und Denkmälern Licht. Was uns Menschen so gefällt, stört die Natur empfindlich. Tagaktiven Arten fehlt der Hinweis, dass es Zeit ist, zur Ruhe zu gehen, nachtaktive Arten kommen ebenfalls durcheinander. Denn sie orientieren sich am Licht, sind abends

Viele Arten finden hier Rückzugsorte, auch seltene wie der Feldhamster

und in der Nacht auf der Suche nach hell leuchtenden Blüten. Lampen sind noch viel heller und werden als Erstes angeflogen. Selbst wenn die Lichtquelle nicht heiß ist und das Tier nicht verschmort, wird es in dieser Nacht nur wenig fressen. Und paaren wird es sich vermutlich auch nicht. Denn Licht ist auch wichtig bei der Partnersuche. Glühwürmchen sind das Paradebeispiel. Diese unscheinbaren braunen Käfer werden in der Dämmerung der Sommermonate zu magischen Wesen. Die Männer schwirren umher, auf der Suche nach Weibchen – die unten auf der Erde sitzen und um die Wette leuchten. Konnte ein Mann bei einer Dame landen, macht sie ihr Biolumineszens-Lämpchen aus und es geht zur Sache. Haben die Männchen auf der Suche nach ihren Weibchen die Orientierung verloren und fliegen sie die Lämpchen einer Lichterkette an, passiert gar nichts. Keine Hochzeit, keine Eier, keine neuen Insekten. Ganz generell leben auf Friedhöfen mehr Tiere als sonst auf gleichem Raum. Viele davon sind die üblichen Stadttiere: Eichhörnchen und

Amseln finden unter Laub und auf Grünflächen reichlich Futter

Elster, Erdkröte und Fuchs. Aber hier leben auch seltene, geschützte oder bedrohte Arten: Feldhamster, Feuersalamander, Mopsfledermaus und Knoblauchkröte. Und auch die ohnehin seltene, scheue und völlig ungiftige Äskulapnatter findet in dem wasserreichen und feuchtwarmen Großstadtdschungel neue ruhige Refugien.

Und natürlich Vögel. Besonders Vögel sind bestens erfasst und erforscht: Sie lassen sich gut beobachten, man kann sie an den Stimmen erkennen, ihre Nester zählen und es sind einfach die Lieblingstiere vieler Menschen, das gilt auch für Forscherinnen und Forscher. Manche Vogelarten leben das ganze Jahr auf dem Friedhof, nisten und brüten, einzeln oder in Kolonien, hoch in den Bäumen oder im Gebüsch am Boden. Manche kommen nur zum Fressen, manche nur als Wintergäste, manche auch nur zum Rasten auf ihrem Zug von oder nach Süden.

Wann immer aber ein Forscherteam sich eine andere Tiergruppe genauer anschaut, kommt das gleiche Ergebnis dabei heraus: Ob Heuschrecken oder Spitzmäuse, Wildbienen oder Schwebfliegen, alle sind auf dem Friedhof mit mehr Tieren vertreten, insgesamt, aber auch was die Artenanzahl betrifft. Und immer gibt es auch Arten, die in ihren Ansprüchen eher speziell sind und auf dem Friedhof anders als sonst in unserer Kulturlandschaft ihr Auskommen finden. Schmetterlinge zum Beispiel sieht man viele, Tagpfauenaugen, Zitronenfalter und andere eher häufige Zünsler, Spinner und Spanner. Aber eben auch seltene Arten, wie das Bleigraue Gelbsaumflechtenbärchen, dessen Raupen gerne Flechten fressen, oder den Heidekraut liebenden Heidekrautspanner.

Ähnliches lässt sich für die Pflanzenwelt sagen: ob wilde Kräuter oder Gräser, seltene Orchideen, Farngewächse oder auch Moose und Flechten. Auch hier gibt es auf untersuchten Friedhöfen immer wieder das gleiche Ergebnis: Jede Menge Arten, mehr als anderswo, und ein großer Teil kommt im jeweiligen Stadtgebiet nur auf diesem Friedhof vor und einige davon stehen auf der Roten Liste der gefährdeten Arten.

Dem Laien fallen beim Thema Pflanzen all die Blumen und Stauden eher ins Auge sowie die Bäumchen und Bodendecker, die auf dem Friedhof überall wachsen. Die Mischung der Pflanzen ist eine ganz besondere. Erstens wächst hier alles, was sonst auch überall wächst, wenn man es denn lässt: Löwenzahn und Disteln, Gänseblümchen und Mäusegerste. Je nach Standortbedingungen und Landschaft natürlich. Dann gibt es das, was die Friedhofsgärtnereien entlang der Wege und in den Rabatten, auf Wiesen und Zwischenflächen anpflanzen oder irgendwann mal angepflanzt haben, sowie die Bepflanzung auf den Gräbern. Von dort wandern Hornveilchen, Vergissmeinnicht, Salbei und Glockenblumen aufs Gelände. Aber auch Frühblüher wie Schneeglöckchen und Primeln oder Immergrün verlassen ihren Pflanzort und siedeln sich an neuen Orten an. Alles mischt und verteilt sich, in jeder Ritze und Mauerfuge, unter jedem Baum und neben jeder Bank wächst, grünt und blüht es – wie von Zauberhand, die natürlich die Hand der Natur ist. Oder die

Pflanzen sind es selbst. Auch wenn sie fest eingewurzelt auf dem Grab stehen, via Samen und Ausläufer kommen sie weit herum. Das hat die Natur so eingerichtet, damit der Nachwuchs nicht mit der Mutterpflanze um Licht, Wasser und Nährstoffe konkurriert. Storchschnäbel schleudern wie mit kleinen Katapulten die reifen Samen aus dem warmen Nest. Löwenzahnschirmchen verweht der Wind. Und der Wind ist es auch, der aus Mohnkapseln die kleinen, schwarzen Samen herausschüttelt und sie so gleichmäßig und weiträumig in der Umgebung verteilt. Auch Tiere helfen fleißig mit. Manche Pflanzen haben ihre Samen in bunte Früchte verpackt – Rosen und Eiben zum Beispiel. Vögel, Mäuse, Igel, Schnecken und Käfer fressen die Früchte, verdauen das Fruchtfleisch und scheiden die Samen wieder aus. Kletten oder Klebkraut heften sich Mäusen und anderen kleinen Säugern ins Fell und reisen mit – bis das Tier sich die blinden Passagiere vom Leib putzt.

Selbstständige Pflanzen, Totholz, Moos und Farn: schön, wenn sie bleiben dürfen

Auch Pilze gibt es auf dem Friedhof reichlich und mehr als sonst in unserer Kulturlandschaft. Entwässerung, Bebauung, Düngung und intensive land- und forstwirtschaftliche Nutzung machen ihnen oft das Leben schwer. Auf den freien Flächen haben sie oft gute Wuchsbedingungen. Den im Herbst auftauchenden Schopftintlingen zum Beispiel kann man beim Wachsen zusehen: Erst wölbt sich ihr Schirm auf, um dann als schleimiger schwarzer Haufen zu enden. Fliegenpilze gibt es hier ebenfalls und auch viele andere Arten, von Wiesenchampignons bis zu bunten Baumpilzen, die oft aussehen wie aus dem Märchenland. Die meisten sind auf einen Baum spezialisiert, tragen das auch im Namen, wie der Birkenporling, der Eichenschwamm oder der Erlenschillerporling. Andere wachsen überall, der Zunderschwamm etwa. Das ist der, mit dem sich – und mit viel Geschick – Feuer machen lässt. Sie wachsen in und auf Totholz und besiedeln in erster Linie Bäume, deren Zeit zu kommen scheint: alte Bäume, kranke Bäume oder solche, die aus einem anderen Grund schwach und gestresst sind, weil sie zu viel und falsch geschnitten wurden, zu dunkel, zu feucht oder zu trocken stehen.

Auf baumreichen Friedhöfen, auf denen auch Totholz erhalten bleiben kann, finden Pilze reichlich Nahrung. Aus Sicht der Natur ist das gut so. Zerlegen sie doch das schwer verdauliche Holz in seine Bestandteile und setzen Nährstoffe und Mineralien frei. Pilze machen Totholz weich und bröselig: für Käfer, Wildbienen und Holzwespen, Asseln, Regenwürmer, Tausendfüßer, Milben, Springschwänze und alle möglichen anderen Tiere, die dann kommen und hier brüten, das Moderholz fressen und tierische

Disteln und Frühblüher wie Traubenhyazinthen oder Taubnesseln sind Insektenmagnete

Nahrung finden. Auch Moose und Flechten werden das Totholz besiedeln. Und am Ende ist der alte Baum dann ein Haufen Humus. In diesem Humus wird dann wieder ein neuer Baum keimen und wachsen können.

Viele andere Friedhofsbewohner, die hier noch nicht genannt wurden, sind sehr, sehr klein oder leben unter der Erde, viele andere sind nachtaktiv oder sehr scheu, manche sind auch nur zu bestimmten Jahreszeiten zu sehen. Deshalb habe ich noch keine Ameisengrille gesehen und keine Ringelnatter, kein Mauswiesel und keine Haselmaus oder einen Erlenzeisig, obwohl ich weiß, dass sie auf dem Friedhof leben. Manche habe ich auch einfach nicht erkannt. Ob in der Blüte dort hinten eine Erdhummel sitzt, eine Schwebfliege oder ein Wollschweber? Ist die Fledermaus ein Graues Langohr oder ein Braunes Langohr? Für viele Tiere brauchen sogar die auf die jeweiligen Arten spezialisierten Menschen Zeit, Fernglas oder Lupe, um sie genau zu bestimmen.

Aber das muss auch gar nicht sein, all das, was bunt und wild hier durcheinander lebt, kriecht und fliegt, muss man nicht mit Namen kennen, um es schön zu finden und sich über seine Anwesenheit zu freuen. Aber: Nur was man kennt, kann man auch schützen. Lernen wir es also näher kennen, das Naturschutzparadies Friedhof, damit wir wissen, was es zu sehen und zu schützen gibt.

Am Rande: Umgang mit Wildsäuen und Alleswegfressern

Das Rotkehlchen auf Opas Grabstein, die Ringelreihen spielenden Eichhörnchen, Hummelgebrumm und tanzende Schmetterlinge: Das wilde Leben auf dem Friedhof könnte so schön sein. Wenn da nicht die Rehe wäre, die den frischen Rosen die Knospen abknipsen, die Kaninchen, die überall buddeln, und die tiefen Spuren, die Wildschweine hinterlassen, wenn sie die Erde nach Futter durchpflügen. Keine Frage, abgefressene Blumen und zerwühlte Gräber sind ärgerlich und sehr traurig. Aber Beerdigungen und Gedenktage sind für Pflanzenfresser wie Weihnachten und Ostern zusammen. Sie bescheren ihnen duftende Blüten und frisches Grün in Mengen und zu Jahreszeiten, in denen die freie Landschaft oft kaum etwas zu bieten hat. Dazu noch volle Komposthaufen und Mülleimer, da greifen dann auch Waschbären, Krähen und Dohlen oder Füchse zu. Zwar versuchen Kirchengemeinden und Stadtverwaltungen, die Zahl der fresslustigen Tiere in Grenzen zu halten, mit Zäunen, Schleusen, sicheren Toren, mit Abfangen und manche sogar mit der Jagd, obwohl das auf einem Friedhof sicherlich schlecht fürs Karma ist. Und manche Verwaltungen dulden, dass Gräber mit Netzen oder Gittern gesichert werden. Oder sie verteilen Broschüren mit Fernhaltetipps: von Hausmitteln wie Hornspänen oder Tüchern mit Haarspray und Parfüm bis hin zu anwendungsfertigen Vergrämungsmitteln, die den Tieren das Fürchten lehren sollen. All das hilft selten. Genauso selten wie Blumen zu pflanzen, an die »Rehe nicht dran gehen«. Was das Wildtier nicht kennt, frisst es nicht – aber nur für kurze Zeit. Bis es dann doch davon probiert hat und Eisbegonien oder Alpenveilchen mit in den Speiseplan übernimmt.

Wer sein Grab naturnah gestaltet, hat weniger Ärger, denn was nicht gegen die Jahreszeit gepflanzt ist, kann niemanden anlocken und auch nicht abgefressen werden. Und generell funktioniert auf einem artenreichen Friedhof das »Fressen und Gefressenwerden« besser. Nicht bei Wildschweinen, da bräuchte es dann Wölfe und Luchse. Aber im Kleinen: Marder holen Mäuse, Eulen die Kaninchen. Und im ganz Kleinen funktioniert es auch: Mücken sind die Beute von Fledermäusen, Igel fressen Schnecken, und Meisen und Wespen erkennen mittlerweile auch Buchsbaumzünslerraupen oder Eichenprozessionsspinner als gefundenes Fressen.

Friedhöfe mit wilden Tieren

- ***Friedhof Ohlsdorf, Hamburg:*** *Gilt als größter Parkfriedhof der Welt, die Wegstrecken reichen sogar für kleinere Radtouren. In diesem Areal mit Teichen und Bächen gibt es auch große Wildtiere und Uhus. Und jede Menge Gräber menschlicher Berühmtheiten.*
- ***Zentralfriedhof Wien:*** *Mitten im Großstadtdschungel leben in dieser ebenfalls großen Parkanlage so viele Rehe, Hasen und Kaninchen, dass bis vor einigen Jahren noch gejagt wurde. Auch Feldhamster, Dachse und Waldkäuzchen sind hier schon gesichtet worden.*
- ***Melatenfriedhof Köln:*** *alt, groß, voller Bäume – und voller wilder Tiere. Generationen von Füchsen wohnen hier, Fledermäuse und als Neubürger: grüne Halsbandsittiche, irgendwann aus Gehegen entkommen und in der warmen Rheinebene heimisch geworden.*
- ***Waldfriedhof Dachsberg, Kamp-Lintfort:*** *Hier siedelt man gezielt große Greifvögel an, um Wühlmäuse und Tauben und anderes Kleingetier, das Friedhofsbesucher nervt, natürlich in Grenzen zu halten.*

Am Rande: Gräber für Haustiere

Tierbestattungen, das klingt nach Dekadenz moderner Wohlstandsbürger, die mit ihrer Haustierliebe nicht wissen wohin. Dass wir einen so großen Unterschied zwischen Schoßhund und Mastschwein machen, diesen Widerspruch nennen Psychologen kognitive Dissonanz, und das ist ein interessantes Thema, aber nicht das dieses Buches. Hunde und Katzen sind seit Jahrtausenden domestizierte Mitbewohner der Menschen, mehr als nur Tiere, und Tierbestattungen sind kein historisch neues Phänomen. Belegt sind sie für das antike Ägypten: Katzen, Krokodile, Stiere, alles, was heilig galt, wurde einbalsamiert und aufgebahrt. Mehr aus religiösem Ritus als aus Trauer, sagen Historiker, aber wer will schon wissen, was ein Priester fühlte, wenn die Tempelkatze starb? Aus dem Mittelalter stammen Funde von Gräbern, in denen wohlhabende Herrschaften zusammen mit ihren Rössern und Jagdhunden bestattet lagen. Ob kleine Kinder eine zahme Dohle im Garten beerdigt haben, Schäfer ihre treuen Hütehunde auf einem Hügel in den Weidegründen? Wir wissen es nicht. 1899 wurde dann in Paris der *Cimetière des Chiens* eröffnet, der erste Tierfriedhof Europas, für die Lieblingstiere reicher Franzosen. Hier und heute sterben die meisten Haustiere durch Einschläfern. Wenn das Tier klein war, nicht meldepflichtig krank und man Platz im Garten hat, kann man es dort begraben. Die nüchterne Variante ist die Tierkörperverwertungsfirma. Die dritte Möglichkeit: offiziell bestatten. Prinzipiell gibt es die gleichen Bestattungsarten wie für Herrchen und Frauchen, die meisten wählen für ihr Tier eine Feuerbestattung. Tierkrematorien bieten eine praktische Sammeleinäscherung von mehreren Tieren an, die Asche verteilen die Krematoriumsmitarbeiter dann in eigens dafür vorgesehenen Streubeeten. Bei der Einzeleinäscherung wird nur ein einziges Tier kremiert, die unvermischte und vollständige Asche dann in einer Urne, einem Aschekarton oder Aschesäckchen an den Tierhalter übergeben. Für Tierasche besteht kein Friedhofszwang, man darf sie also mit nach Hause nehmen. Oder auf einem Tierfriedhof ein Grab dafür erwerben. Tierfriedhöfe sehen meist ähnlich aus wie Menschenfriedhöfe, ein bisschen weniger steif und förmlich, was der Pietät dieser Orte aber nicht schadet. Im Gegenteil. Lebendigkeit kann sehr würdevoll wirken.

Friedhöfe für Haustiere

- ***Tierfriedhof Quickborn-Renzel:*** *Wurde als erster Tierfriedhof in Deutschland in den 1960er-Jahren gegründet, er liegt direkt am Waldrand in der Natur eines Landschaftsschutzgebietes.*
- ***Bergfriedhof »Unser Hafen«, Essen:*** *oberhalb der Stadt in den Hügeln gelegen, mit Blick aufs Emschertal. Das ganz Besondere hier: sogenannte Freundschaftsgräber, in denen Menschen und Tieren gemeinsam bestattet werden.*
- ***Tierfriedhof Bremen:*** *Hier sieht es aus wie auf einem klassischen Friedhof: Grab an Grab, mit Stein und Blumen, Bäumchen und Erinnerungsstücken geschmückt, dazwischen Hecken und Häuser und drüber alte Bäume. Außerdem gibt es ein kleines Holzhäuschen als Treffpunkt und einen Teich in der Mitte.*

Blütenreich ist sogar die schmiedeeiserne Brücke auf dem Friedhof Ohlsdorf im Norden Hamburgs, der als Landschaftspark angelegt wurde. Dort haben viele Wildtiere ein Refugium gefunden. Seit Kurzem ermöglicht ein neues Grabfeld, dass Haustiere und Menschen an einem gemeinsamen Ort ihre letzte Ruhe finden.

- ***Tierfriedhof Wolkenreise, Sprockhövel:*** *Zwischen bewaldeten Hügeln, hinter einem schmiedeeisernen Tor, auf einem denkmalgeschützten historischen Bauernhof liegt dieser Tierfriedhof. Neben Hunden und Katzen sind hier auch Ratten und Meerschweinchen, Reptilien und Vögel bestattet.*
- ***Tierfriedhof Wien:*** *ein kleiner Park direkt neben dem Wiener Zentralfriedhof gelegen. Hier können Tierfreunde für ihre Lieben alles wählen, was es auch für Menschen gibt: Erdgräber und Urnengräber, Reihengräber oder einen Platz in der Urnenwand.*
- ***Tierfriedhof am Wisenberg, Läufelfingen:*** *vor 20 Jahren als erster Tierfriedhof der Schweiz angelegt, inmitten der Wälder und Hügel gelegen und mit vielen Blumen bepflanzt.*

Wo zwischen den Gräbern das Leben blüht

Rundgang durch den Garten Eden

Kein Friedhof ist wie der andere. Kategorien, denen sich Friedhöfe zuordnen lassen, gibt es zwar: Dorf- und Zentralfriedhöfe, Wald- und Alleefriedhöfe, städtische, kirchliche, religiöse Friedhöfe, Bergfriedhöfe und Inselfriedhöfe. Jeder einzelne ist einzigartig und besonders, geprägt von der Zeit seiner Entstehung und Gründung, von seiner Lage und von der Stadt und Landschaft, zu denen er gehört. Auch die ökologische Bedeutung ist von Friedhof zu Friedhof verschieden. Große Waldfriedhöfe mit Hunderten verschiedenen Bäumen und Sträuchern, mit Wiesen, Hügeln und Teichen sind fast wie ein Naturschutzgebiet. Andere ähneln Stadtparks. Aber auch kleine Friedhöfe, die landschaftlich damit nicht mithalten können, haben ökologisch oft etwas Besonderes zu bieten: eine alte Linde als Naturdenkmal, eine Eidechsenpopulation oder ein Stück Wiese mit seltenen Orchideenarten. Und: Jeder Friedhof kann nachhaltig und naturnah bewirtschaftet werden, jedes einzelne Grab. Mehr und mehr Friedhofsträger schreiben das in ihrer Satzung auch fest. Vielleicht ist »Ihr« Friedhof ja auch dabei?

Viel Werbung machen gerade kleinere Friedhöfe nicht. Manchmal gibt es einen Artikel in der Lokalzeitung, und das war es dann. Je kleiner der Friedhof, desto seltener hat der Träger dafür eine eigene Website oder gar einen Social-Media-Account. Die Internet-Suchmaschine zu benutzen, führt deshalb auch oft nur bei den ohnehin »berühmten« Friedhöfen zum Ziel. (Das ist auch ein Grund, warum bei den Friedhöfen, die ich erwähne, keine Internetadressen angegeben sind. Sie finden sich meist nur über Umwege auf den Seiten der Kommunen unter speziellen Stichworten wie »Bürgerservice«.) Wer selten bis nie einen Friedhof besucht,

◀ Naturnaher, nachhaltiger und lebendiger – das ist überall möglich bekommt vielleicht gar nicht mit, was es dort zu erleben gibt, und ob ein ökologisches Konzept besteht. Einfach hingehen und schauen ist auf jeden Fall eine gute Idee. Oft stehen Infotafeln am Eingang, da erfährt man dann schon ein bisschen mehr. Und fragen Sie einfach beim zuständigen Friedhofsträger nach Ökologie und Naturschönheiten. Auch wenn die Antwort dann »nein« lautet, vielleicht haben Sie damit dort das Interesse am Thema geweckt? Manchmal finden sich Hinweise bei örtlichen Naturschutzverbänden, die allgemeine Informationen zum Lebensraum Friedhof bereithalten und vielleicht auch Führungen oder Vorträge zu den Besonderheiten vor Ort anbieten.

Auch ich mache jetzt mit Ihnen ab Seite 52 eine solche Führung. Und damit wir auch wirklich *alles* sehen, besuchen wir nicht irgendeinen Friedhof, sondern einen ganz besonderen: eine Zusammenstellung aus allen Friedhöfen, die ich besucht habe, von früher kenne oder über die ich gehört und gelesen habe. Diesen Friedhof gibt es nicht. Aber er ähnelt einem mehr als allen anderen: dem Waldfriedhof Lauheide bei Münster. Weil ich ganz in der Nähe wohne und weil mein Vater dort bestattet ist. Seit 15 Jahren bin ich regelmäßig dort, an seinem Geburtstag, an seinem Todestag und an Weihnachten auch noch mal. Oder dann, wenn die Kinder und ich einfach mal Lust darauf haben, Opa zu besuchen, über die große Anlage zu laufen und im Landgasthof hinterher Waffeln zu essen. Auf dem Friedhof Lauheide war ich schon zu jeder Tages- und Jahreszeit und bei jedem Wetter. Das ist jedes Mal anders, aber immer schön. Ich bin mir sehr sicher, das ist bei allen Friedhöfen so. Die meisten Friedhöfe, die ich für dieses Buch oder auch sonst besucht habe, habe ich ja jeweils nur für ein paar Stunden erlebt.

Ganz unbescheiden gehört der Waldfriedhof Lauheide auch objektiv zu den schönsten Friedhöfen Deutschlands, geschichtlich, biologisch, kulturell. Hier, an einem alten Emsarm gelegen, sollen schon zur Steinzeit Menschen bestattet worden sein, ein Friedhof nach heutigem Verständnis wurde er Anfang vergangenen Jahrhunderts. Waldfriedhöfe waren damals schon Trend und mit den vielen Laub- und Nadelbäumen

Viele Friedhöfe, wie hier im Münsterland, beherbergen ökologische Schätze

war er der perfekte Platz. Zum Teil wuchs hier Heide, daher der Name; Heidekräuter und knorrige alte Wacholder stehen auch heute noch überall. Im Frühling blühen die Maiglöckchen, im Sommer Habichtskraut, Nelken, Glockenblumen und Wiesenmargeriten. Es gibt Orchideen und seltene Gräser, zum Beispiel das Zittergras mit seinen hübschen, herzförmigen Ährchen. Der nahen Ems zu verdanken sind kleine Senken und Tümpel, Feuchtbiotope, mit Seerosen und Röhrichten, libellenumschwärmt, wunderschön und gleichzeitig ein Zuhause für Erdkröten, Molche und Frösche. Und natürlich gibt es jede Menge Vögel.

Heimische Wildpflanzen, Nisthilfen und ein Teich:
Das Naturruh-Konzept liefert Ideen für naturnahe Grabanlagen

Hier ist es schon paradiesisch

- ***Friedhof am Stäfflingshof, Gelsenkirchen:*** *Auf diesem eher kleinen Stadtteilfriedhof mitten im Mehrfamilienhaus-Wohngebiet wird ein Teil des Areals nach dem Naturruh-Konzept bewirtschaftet. Das ist ein vom Bund deutscher Friedhofsgärtner entwickeltes Konzept für naturnahe Gräber. Hier gruppieren sich mit wilden und heimischen Blumen bepflanzte Reihen- und Gemeinschaftsgräber um einen Teich, die Zwischenflächen sind mit Insektennisthilfen und Igelhäuschen bestückt. Außerdem gibt es einen Platz mit Tisch und Bänken, an dem sich die Angehörigen und Besucher niederlassen können.*
- ***Friedhof Sankt Nicolai, Gifhorn:*** *Auf diesem kleinen Stadtfriedhof gibt es eine Trockenmauer und Totholzhaufen für Insekten und Reptilien. Besucher und Grabnutzer werden darüber informiert, dass Moose und Flechten auf den Grabsteinen bleiben und dass Gräber statt mit Schotter oder Steinplatten mit bunten Blumen geschmückt werden sollen.*
- ***Bergfriedhof Lindenberg im Allgäu:*** *Mitten in die Hügel oberhalb der Stadt geplant, wirkt er wie eine Blumenwiese, in der sich Gräber und Grabsteine hineinfügen, als würden sie da hingehören.*
- ***Städtischer Friedhof Görlitz:*** *Wo früher Rasen war, wird weniger gemäht und gedüngt, mit der Zeit wurden daraus Blumenwiesen mit Orchideen und seltenen Gräsern. Und voller Insekten. Die vielen alten Bäume werden nur dann frisiert, wenn es die Sicherheit erfordert; sie beherbergen Eulen und Käuzchen.*

- ***Friedhof Bois-de-Vaux, Lausanne:*** *In der Schweiz werden viele Friedhöfe ökologisch und nutzerfreundlich betrieben. Der Lausanner Friedhof ist einer der größeren, ein grüner Gürtel um die Mauer schützt noch mal mehr die Lebensräume.*
- ***Waldfriedhof Lauheide, Telgte:*** *Der Friedhof ist jeden Tag von Sonnenaufgang bis Sonnenuntergang geöffnet, hat eine Bushaltestelle, zwei große Parkplätze, Blumenläden und einen Landgasthof in der Nähe. Die landschaftlich schöne Lage macht den Waldfriedhof zum idealen Ziel einer Radtour oder Wanderung. Es gibt normalerweise regelmäßige Führungen verschiedener Thematik.*

Durchs grüne Tor ins Paradies

Wie die meisten Friedhöfe, hat auch unser idealisierter Friedhof eine Mauer. Außerhalb der geweihten Erde, vor den Friedhofsmauern, wurden früher Verbrecher, als Ketzer oder Hexe bezichtigte Hingerichtete, Selbstmörder und auch ungetauft gestorbene Kinder »verscharrt«. Das ist heute zum Glück anders. Jede und jeder Tote darf, muss sogar auf einem Friedhof und mit einem Grundmaß an Respekt bestattet werden.

Noch immer aber markiert die Mauer, so wie bei einem Bild der Rahmen oder wie bei einem Garten der Zaun, eine Grenze: zum Außen – aus Sicht der toten Seelen. Oder von der Welt der Lebenden geschaut: die Grenze nach innen. Hier wir Lebenden, dort unsere Toten. An der Friedhofsmauer endet unser Alltag und die Ewigkeit beginnt. Hinter den Mauern läuft das Leben leiser und langsamer, man hält freundlich Distanz zu anderen. Vor der Würde der Trauer und der Gemeinschaft der toten Seelen haben fast alle Menschen Respekt. Nicht weil es in der Friedhofssatzung steht. Sondern weil es gesellschaftlich so vereinbart ist. Hinter der Mauer rennt und tobt keiner. Hunde, Fahrräder, Roller, Autos müssen draußen bleiben, Kegeltouren und fußballspielende Kinder ebenfalls. Auch für die Natur hat die Mauer als Grenze also ihren Sinn und ihr Gutes.

Und: Alte Mauern sind ein Lebensraum für sich. Oft aus Naturstein geschichtet, bewachsen mit Moosen und Flechten und vielen Pflanzenarten, die unter den harten Bedingungen leben können. Mauerfugen bieten nur wenig Platz für Wurzeln, Wasser ist ebenfalls immer eher knapp. Auf der sonnigen Seite ist es oft sehr heiß und trocken, auf der Schattenseite ziemlich dunkel. Auf Mauern wachsen kleine Farne wie die Mauerraute oder der Streifenfarn; außerdem robuste Hochgebirgsbewohner und mediterrane Pflanzen. Aber auch Lerchensporn, Akelei, Storchschnabel und Schöllkraut gedeihen dort. Mauerzimbelkraut überrankt alles mit seinen kleinen lila Blüten. Teile der Mauer sind überwachsen mit Brombeerranken und Efeu.

 Friedhofsmauern sind mehr als Begrenzungen. Sie sind ein Lebensraum für sich. ▶

Efeu steht mit seinem Immergrün und seiner Lebenskraft für ewiges Leben und Auferstehung – und bietet ganzjährig Nistplätze für Nischenbrüter, den Kleintieren Schutz vor Verfolgern. Im Herbst erscheinen die kleinen gelben Blüten und wenn die Sonne scheint, sind Wespen, Bienen, Hummeln, Fliegen und Marienkäfer geschäftig darin unterwegs, Essen zu fassen. Im Winter dann werden die Beeren reif und bieten sich als Vogelfutter an, in einer Jahreszeit, in der es sonst nicht mehr viel gibt.

Steinmauern haben außerdem noch eine ganz besondere Eigenschaft: eine hohe Wärmespeicherkapazität. Sie halten Wärme – Sonnenstrahlen – lange und geben sie nun langsam wieder ab. Auch abends, wenn die Sonne weg ist, sind die Steine deshalb noch schön warm, wie eine kleine beheizte Insel in der Abendkühle. Und: Regnet es, saugen sich Steine nicht wie Holz oder Laub oder Moos voll, das Wasser fließt einfach ab und die Steine sind schnell wieder trocken und warm. Unten am Fuß der Mauer sammelt und hält sich oft die Feuchte. Das lieben Schnecken und Kröten.

Sie fühlen sich hier wie im Paradies

Tigerschnegel: Schnegel sind Nacktschnecken wie die Wegschnecken, zählen aber nicht zu den hornveilchenvernichtenden Vegetariern, sondern sind kleine allesfressende Raubtiere. Und sie sehen auch so aus: getigert wie der Tigerschnegel oder tiefschwarz wie ein Panther. Schnegel sind nachtaktiv, tagsüber verstecken sie sich an feuchten und dunklen Stellen wie hier in kleinen Löchern in der Mauer.

Mäusebussard: Im Rücken die Bäume als Horststandort, in den Ebenen des Friedhofs das Jagdrevier mit der Mauer als Ansitz, das gefällt diesen Greifvögeln sehr. Sie fangen nicht nur Mäuse, sondern auch Kaninchen, Ratten und andere kleine Tiere.

Eidechsen: wie andere Reptilien wechselwarme Tiere. Ihre Körpertemperatur ist von der Umgebungstemperatur abhängig. Ist es kalt, sind sie kalt. Ist es warm, sind sie es auch. Steine zum Sonnen und Aufwärmen mögen sie deshalb sehr gerne. Auf Friedhöfen hat man gute Chancen,

Eidechsen brauchen Mauern, Steine und Schotter für ihr Sonnenbad

Mauereidechsen und Zauneidechsen zu treffen, vielleicht auch Waldeidechsen, in Norddeutschland auch Mooreidechsen, im Süden teils Bergeidechsen genannt. Neben warmen Steinen brauchen sie warme Erde für die Eier, ausreichend Schnecken, Regenwürmer, Heuschrecken, Käfer, Wanzen und Ameisen als Futter sowie kleine Gebüsche und Blumenbeete als Versteck. Und warme Winterquartiere, zum Beispiel Baumwurzeln, Felsspalten, Totholz, leere Mäusenester oder Kaninchenbauten. All das können sie hier finden.

So wird es noch paradiesischer

Efeu wurde schon früher viel auf Friedhöfen gepflanzt, aus symbolischen und optischen Gründen. Was heute dort wächst, ist oft sehr alt – und von alteingesessenen Insektenpopulationen und Vogelpaaren bewohnt. Muss das Immergrün wegen des Denkmalschutzes oder aus anderen Gründen zurückgeschnitten werden, dann abschnittsweise, so wenig wie möglich und nicht zur Brutzeit. Und vor allem nicht einfach turnusgemäß jedes Jahr. Efeu blüht im Herbst und fruchtet im Winter, wird er im Sommer gestutzt, fehlen im Herbst Pollen für die Insekten, im Winter Früchte für die Vögel.

Nicht alle Friedhöfe haben alte Mauern, manche auch nur ein Mäuerchen oder sogar einen Zaun. Aber auch der kann grüner werden, mit Efeu und wildem Wein, kleinen Sträuchern oder davor gesäten Blühstreifen. Brennnesseln, Gräser und wilder Hopfen kommen jedes Jahr von ganz allein dazu und bilden ein Dickicht, das vielen Tieren einen guten Lebensraum bietet.

Alte Baumbestände, Grasflächen und Staudenpflanzungen machen den Friedhof Bad Rothenfelde (Foto gegenüberliegende Seite) zu einem besonderen Ort

Hier ist es schon paradiesisch

- ***Alter Südfriedhof München:*** *Mehr als 480 Jahre alt ist dieser Friedhof, voller Geschichte, alter Bäume – und umgeben von ehrwürdigen Mauern. Hohe Arkaden markieren die Eingänge, in kleineren Nischen reihen sich entlang der Mauer Grabmäler, Gruften und Gedenksteine. Seltene Tierarten wie die Mopsfledermaus oder der Fliegenschnäpper, auch Wintergoldhähnchen und Seidenschwanz sind hier anzutreffen. Im Frühling blühen Tausende lilafarbene wilde Krokusse.*
- ***Sebastiansfriedhof Salzburg:*** *Rundum von einer dicken, hohen, alten Mauer umgeben, die nach innen Arkaden bildet; in diesen sogenannten Gruftlauben standen und stehen Sarkophage. Alles ist ein bisschen schief, verwittert und verwunschen.*
- ***Evangelischer Friedhof Bad Rothenfelde:*** *Der einzige Friedhof des kleinen Kurorts in Südniedersachsen liegt ein gutes Stück vor der Stadt, inmitten der Wälder, Felder und Wiesen. Neben einer niedrigen Mauer und schmiedeeisernen Zäunen ist sein Konzept ein Paradebeispiel dafür, dass ein Friedhof würdevoll und gleichzeitig sehr ökologisch bewirtschaftet werden kann.*
- ***Stadtgottesacker, Halle an der Saale:*** *Bald ein halbes Jahrtausend alt ist dieser Friedhof, er lag lange im Dornröschenschlaf und wird nun restauriert – und renaturiert. Denn all das, was über die Jahre gewachsen ist, Efeu und Blumen und Kräuter und auch die Moose und Flechten, sind uralte Naturschätze.*

Auf weichen Wegen durch die Ewigkeit

Vom Tor führt ein breiter Weg mitten in den Friedhof hinein. Hier gehen täglich viele Leute. Befahren wird er auch: von Fahrzeugen der Bestattungsunternehmen und Friedhofsgärtnereien. Der Weg muss viel aushalten und deshalb ist er stabil gepflastert. Zu den Rändern hin werden die Fugen zwischen den Steine immer breiter und sind nur noch locker verfüllt. So kann Regenwasser versickern, statt sturzbachartig übers Pflaster zu rauschen und dann ungenutzt in die Kanalisation zu verschwinden. In den Fugen wachsen Knöterich und Wegerich, Löwenzahn und Hornsauerklee, Kamille und Wolfsmilch. Und am Rand dann wie eine kleine Böschung Disteln, Gräser und andere wilde Blumen: Schafgarbe, Glockenblumen, sogar Stockrosen und Nachtkerzen. Auch diese kleine Böschung bremst Regengüsse. Die grüne Wegbegleitung bietet außerdem Pollen und Samen für Insekten und Vögel sowie Unterschlupf für viele Arten. Weil es keinen kantigen hohen Bordstein gibt, können Käfer und andere Kleintiere den Weg überqueren, ohne vor einem unüberwindlichen Hindernis zu stehen. An manchen Stellen liegen alte Baumstämme als Wegbegrenzung an den Seiten. Meist sind es tote Äste, die aus Sicherheitsgründen von den Friedhofsbäumen abgesägt werden mussten. Wenn sie hier liegen bleiben, bietet das Totholz zum Beispiel Käfern Lebensraum und Nahrung. Wenn diese die ersten Löcher gebohrt haben, ziehen Wildbienen als Nachmieter ein.

Vom Hauptweg zweigen Wege in die einzelnen Abteilungen des Friedhofs ab, Steine und Schilder dienen als Wegmarkierung, manche sind schon sehr alt, verwittert und mit Moos bewachsen. Die Wege sind weitgehend unbefestigt. Da, wo viel gegangen und gefahren wird, bestehen sie aus Material – Schotter, Splitt, Kies und Sand –, das nur aufgeschüttet und verdichtet wurde, aber nicht von Mörtel oder Pflastersteinen zusammengehalten wird. Darauf läuft es sich weit angenehmer als auf Asphalt, es sieht malerischer aus und vor allem kann herunterrauschender Regen gut versickern. Je weiter man abzweigt, desto schmaler werden die Wege,

Unbefestigte Wege: Auch sie sind ein wertvoller Lebensraum

manche sind nicht viel mehr als Trampelpfade aus gestampfter Erde. Zu Holzschnitzeln geschredderter Astschnitt ist an feuchten Stellen aufgestreut, das hilft trocken zu gehen und ist gleichzeitig ein prima Lebensraum für so manche Käferart. Das ist manchmal ein bisschen unwegsam für alle, die den Friedhof nutzen, aber je langsamer deren Verkehr, desto mehr Zeit haben Tiere, sich bei nahenden Besuchern ins Gebüsch zu verziehen. Schnecken, Käfer, Kröten, sie alle brauchen ihre Zeit. Und je langsamer wir unterwegs sind, desto mehr sehen wir.

Sie fühlen sich hier wie im Paradies

Ameisen: Ameisen gibt es 10 Millionen Mal mehr als Menschen und natürlich gibt es auch auf einem Friedhof reichlich von ihnen, sogar die hierzulande seltenen großen Feuerameisen, aber auch viele andere Arten. Ameisen schichten die oberen Erdschichten um und bauen pflanzliches Material ab, sie halten die Bestände anderer Insekten in Schach und sind selber eine wichtige Nahrungsquelle für andere Tiere – Spechte lieben Ameisen. Und sie verbreiten Pflanzensamen, malerischer als es je ein Gärtner könnte. Besonders bei den Frühblühern. Schneeglöckchen, aber auch Primeln oder Lerchensporn bilden an ihren Samen ein kleines Anhängsel, im allgemeinen Sprachgebrauch Ameisenbrötchen genannt. Es enthält Stoffe, die bei Ameisen einen suchtähnlichen Sammeltrieb auslösen. Sie schleppen Samen um Samen in den Bau, um den Nachwuchs damit zu füttern, und wenn sie unterwegs schon die Köstlichkeit selber aufgefuttert haben, lassen sie den Rest irgendwo liegen. Und mit etwas Glück und guten Keimbedingungen wächst dort bald ein neues Blümchen.

Erdhummeln: Es gibt verschiedene Arten, zwei davon sind besonders häufig zu sehen. Die ziemlich große Dunkle Erdhummel und die eher kleine Helle Erdhummel. Die Ränder lockerer Sandwege nutzen sie gerne, um für ihren Staat ein Nest zu bauen. Wenn die Wege sich dann noch durch pollen- und nektarreiche Futterlandschaften schlängeln, umso lieber.

Laufkäfer: Der Name ist Programm und wenn einem ein großer Käfer mit langen Laufbeinen über den Weg läuft, und das oft ziemlich eilig, dann weiß man, wen man vor sich hat. Viele Arten haben es schwer, sie haben ganz spezielle Ansprüche an ihren Lebensraum und weil unsere Landschaft so zerschnitten ist, vereinzeln und vereinsamen sie regelrecht.

Blindschleiche: Das, was sich manchmal über den Weg schlängelt, ist keine Schlange, sondern eine Echse, die nur so aussieht wie eine Schlange. Als eher vielseitiges Tier, das an Wegrändern und Bahndämmen, unter Hecken und Steinen, im Laub und sogar im Komposthaufen lebt, Hauptsache es ist warm und es gibt genug zu essen, kann man die Blindschleiche auch auf Friedhöfen häufig antreffen. Tagsüber sind sie in Deckung, aber abends und früh morgens auf Jagd, unter anderem nach Schnecken. Den Winter verbringen sie in frostsicheren Verstecken, in Erdlöchern oder in einem Haufen im Laub.

So wird es noch paradiesischer

Gute Wegbarkeit ist wichtig: Wenn man kaum trockenen Fußes irgendwo hin kommt und mit Rollator schon mal gar nicht, mag das in einem Bestattungsforst für Ruhe im Wald sorgen; auf einem Friedhof, dessen Lebensraumqualitäten auch von seinen Erlebnisqualitäten abhängen, weil er sonst sein Existenzrecht verliert und hier ja auch Menschen zusammenkommen *sollen,* ist das nicht gut. Naturnahe Wege sind aber immer weniger leichtgängig als asphaltierte. Hier müssen Kompromisse gefunden werden. Die Besucher über Gründe zu informieren, beugt Frust und Beschwerden vor. Werden Hilfsdienste und Begleitung angeboten, kommen auch gehandicapte Menschen fast überall hin.

Lieber ein paar Wege mehr als einige zu wenig anlegen; und nicht am Reißbrett mit dem Lineal, sondern den landschaftlichen Gegebenheiten entsprechend. Auch das ist hilfreich. Sonst bilden sich Abkürzungen und Trampelpfade quer durchs Gelände, und dann vielleicht auch dort, wo besser wirklich keiner laufen sollte: weil dort der Uhu sein Nest hat oder auf der kleinen Feuchtwiese seltene Orchideen wachsen.

Beim Winterdienst kein Salz zu verwenden, ist ebenfalls hilfreich. Salz verätzt die kleinen Füßchen der Friedhofstiere und versalzt den Blumen die Freude am Wachsen. Es ist zudem schädlich fürs Grundwasser und auch für die Bäume und ihre Wurzeln. Sand oder Splitt streuen ist die bessere Alternative. Außerdem: Wege mit Bewuchs zwischen den Steinen oder solche aus Moos oder Kies sind wasserdurchlässig und bilden längst keine so spiegelglatte Fläche, wenn es friert, wie Asphalt oder glattes Pflaster.

BERTHA LEHFELDT
GEB. MÜHL
* 10. Februar 1862
† 28. April 1942
DR. BERNHARD
LEHFELDT
MINISTERIALRAT
* 2. Juli 1885

Mehr als 110 Jahre alt ist der Südwestkirchhof Stahnsdorf. Grabwände, Mausoleen und verzierte Grabsteine sind Zeugnisse der Begräbniskultur vergangener Zeiten. Blütenpflanzen, Moose und Flechten haben bei vielen inzwischen Oberhand gewonnen.

Hier ist es schon paradiesisch

- ***Südwestkirchhof Stahnsdorf bei Berlin:*** *Mitten im Wald ist alles voller Gräber, Gruften und Mausoleen, voller Kunst und toter Berühmtheiten – und alles ist voll mit Efeu, Farnen, Brombeeren, Blumen und Moos, Moos, Moos. Auf den Gräbern, auf den Wegen, so weich, dass man die Schuhe ausziehen möchte, um barfuß darüberzulaufen.*
- ***Hauptfriedhof Passau:*** *Mehrere von Mauern umschlossene Höfe direkt um und hinter der Kirche ziehen sich den Hang am Inn entlang. Auf dem Gelände gibt es neben vielen Marmorgräbern auch südländisch anmutende Urnenmauern. Viel Stein insgesamt, auch die Wege zwischen den Gräbern sind aus Kies. Aber in dem wächst, was will.*
- ***Friedhof Bremen-Blumenthal:*** *ein naturnah bewirtschafteter Waldfriedhof. Hier gibt es Totholz als Wegbegrenzung, Steinhaufen aus alten Grabsteinen, und je weiter man vorangeht, desto mehr werden die Wege zu Trampelpfaden, als würde man wirklich im Wald spazieren gehen.*

Häuser für die Toten, Lebensraum für Tiere

Der Weg führt oft direkt vom Eingang des Friedhofs zur Kapelle. Oder, wenn es ein Friedhof in städtischer Trägerschaft ist, zur Trauerhalle. Auch ein Leichenhaus steht auf vielen Friedhöfen. Größere haben ein eigenes Krematorium, dazu gibt es Gebäude für Verwaltung und Büros. Je nach Alter des Friedhofs und der finanziellen Situation sind die Gemäuer nicht besonders gut in Schuss, ungedämmt und mit Lücken im Dach und im Mauerwerk. Dasselbe gilt für die Mausoleen und Grüfte, die auf großen Grabstellen stehen. Eine Zeit lang war es ein Statussymbol, sich in einem eigenen Häuschen bestatten zu lassen, und auf alten, großstädtischen Friedhöfen stehen sie in großer Zahl. Je oller, desto begehrter sind diese Gebäude bei Tieren. Besonders bei all denen, die in Höhlen und Felsen leben, brüten, überwintern und auch sonst uns Menschen oft bis in die Häuser, in Keller und auf Dachböden folgen: Käuzchen, Marder, Mäuse. Auch Hornissen und Hummeln mögen Mauerlöcher und bauen dort gern ihr Nest. Und natürlich Fledermäuse: Sie wissen auf den Friedhöfen nicht nur das Angebot an Unterkünften zu schätzen, sondern auch, dass sich ihre Beutetiere hier reichlich tummeln.

Sie fühlen sich hier wie im Paradies

Großes Mausohr: Kleine Fledermausarten können sich in streichholzschachtelenge Spalten quetschen, und wer einzelgängerisch lebt, findet immer irgendwo eine Lücke. Das Große Mausohr, das nicht nur die größten Ohren hat, sondern auch die größte Fledermausart bei uns ist, hat diese Möglichkeit nicht. Mausohren leben gerne mit vielen zusammen, da braucht man erst recht Platz. Den finden sie im Sommer in den Kapellen und Kirchen. Im Winter sind dann die Gruften ein schöner feuchtwarmer Platz. Laufkäfer sind eine ihrer Lieblingsspeisen.

Großer Abendsegler: fast so groß wie das Große Mausohr. Kleine Mücken, wie sie den Fledermäusen in der Stadt als Nahrung dienen, reichen für ein Tier mit seiner Spannweite nicht aus. Abendsegler fressen

Friedhofstiere schätzen Mausoleen als Unterschlupf und Futterplatz

Maikäfer und andere Großinsekten. Wie der Name schon sagt, kommen sie abends, oft schon vor Sonnenuntergang, aus den Quartieren wie Baumhöhlen und Gebäudespalten, um über den Wipfeln der Bäume zu jagen.

Schwalben: Kulturfolger und typische Bauernhofvögel. Einst. Denn es gibt immer weniger offene, aber gemütliche Viehställe, kaum noch Vieh in Weidehaltung. Schwalben brauchen nicht nur einen Platz fürs Nest, sondern auch Futter: Insekten, die sich in Kuhfladen und Pferdeäpfeln reichlich entwickeln. Vor allem die auch »Hausschwalben« genannten Rauchschwalben haben es schwer. Sie brüten am liebsten innen in Gebäuden, finden aber kaum noch welche, die in geeigneter Lage für sie zugänglich sind. Mehlschwalben sind eigentlich Felsenbrüter und nehmen in der Zivilisation mit Außenplätzen unterm Dachüberstand und in Toreinfahrten vorlieb. Auf Friedhöfen können beide neue Lebensräume finden: Die Gewölbe von Kapellen oder Friedhofstoren sind absolut wohntauglich, und Insekten gibt es ebenfalls reichlich, offene Vegetation und weite Flächen, um das Kleinvieh zu jagen, auch. Und: Schwalben finden Teiche, Wasser oder feuchte Stellen, um »Matsch« für ihre Nester zu sammeln.

Kapelle, offenes Jagdgelände und reichlich Mäuse: perfekt für Schleiereulen

Turmfalke: Von Natur aus Felsenbrüter, fühlt er sich in der Friedhofskapelle als Ersatzwohnort sehr wohl. Zumal diese inmitten reicher Jagdgründe steht, gibt es doch jede Menge Mäuse, Maulwürfe, Ratten, Frösche und Eidechsen, zur Not auch Würmer und Insekten.

Schleiereule: Es ist kein Geist, wenn in der Dunkelheit ein weißer Schatten über den Friedhof fliegt, sondern vermutlich eine Schleiereule. Auf Friedhöfen fühlt sie sich wohl, hier findet sie einen Unterschlupf in den alten Gemäuern, und auf dem Gräberfeld und den Wiesen ihr Lieblingsessen: Wühlmäuse.

So wird es noch paradiesischer

Die tollen Tierwohnungen in den Gemäuern und Gruften werden mit Nisthilfen noch toller. Für Schwalben gibt es Nistbretter und wenn das Gebäude hoch genug ist, lohnt es sich sogar, Mauersegler mit einer neu geschaffenen Höhle einzuladen.

Neue Mausoleen zu bauen, ist gerade nicht im Trend, auch wenn es einige Friedhofsträger anbieten. Die alten zu erhalten, ist umso wichtiger. Erhalten meint, sie sollen stehen bleiben dürfen, wie sie sind, oft ein bisschen verfallen und verwildert, das ist nämlich genau richtig. Dann kommen Fledermäuse und Vögel gut rein und raus und der grüne Wildwuchs drum herum schafft Privatsphäre.

Auch ans Fressen denken: Insektenfutterpflanzen säen, denn Insekten wiederum sind Futter für Fledermäuse, Erdkröten, Vögel und die anderen Gebäudebewohner. Dächer begrünen hilft auch, ob das vom Müllhäuschen oder von einem Mausoleum. Jedes Mal sind es einige Quadratmeter mehr Pflanzen, die Wasser speichern, die Luft säubern, Pollen, Nektar, Blätter und Früchte für die Tierwelt anbieten. Auf den Dächern können auch ein paar Wannen mit feuchter Erde Platz finden; das stört nicht die Optik, bietet aber Vögeln wie den Schwalben Material zum Nesterbauen.

Hier ist es schon paradiesisch

- ***Stöckener Friedhof, Hannover:*** *Um einen Teich herum, mitten im sumpfigen Gelände der damals noch nicht so ganz großen Stadt, wurde dieser Parkfriedhof geplant. Umgeben von einer imposanten Backsteinmauer finden sich hier Namen und Grabschmuck aller Kulturen und man fühlt sich wirklich wie in einer anderen Welt, sogar Einhörner gibt es hier. Und im neugotischen Friedhofstor brüten Schwalben.*
- ***Südfriedhof Leipzig:*** *ein alter Parkfriedhof, der sich unter ökologischer Bewirtschaftung in einen Lebensraum verwandelt hat, der seinesgleichen sucht. Wiesen aller Arten gibt es hier, eine Rhododendren-Blüte, wegen der die Anfahrt lohnt. Alles steht voll mit alten großen Grabmälern und Mausoleen, für die man Patenschaften übernehmen kann.*
- ***Hauptfriedhof Dortmund:*** *Hügelige Wiesen mit Teichen und vielen alten Bäumen sind hier zu sehen. In den Gebäuden und Gruften leben jede Menge Fledermäuse, häufige und seltene Arten. Zahlreiche Nisthilfen und die vielen Bäume bieten ihnen zusätzlich gute Unterkünfte.*
- ***Waldfriedhof Buxtehude:*** *ein kleiner Friedhof, aber ein großes Paradies für Fledermäuse und Vögel. Neben Höhlen und Spalten in den alten Bäumen gibt es für viele verschiedene Arten auch noch jede Menge Extra-Nistkästen.*

Bleiben Figuren, Grabwände und Mausoleen wie hier auf dem Stöckener Friedhof Hannover (Foto links), dem Stadtfriedhof Engesohde (Foto rechts) und dem Hauptfriedhof Mannheim (Foto gegenüberliegende Seite) erhalten, dürfen aber von der Tier- und Pflanzenwelt erobert werden, bieten sie für die Friedhofsbesucherinnen und -besucher Kulturgeschichtliches und reiches Naturerlebnis.

- ***Hauptfriedhof Mannheim:*** *Dieser alte, mit einer hohen Steinmauer gefasste Friedhof liegt im Stadtteil mit dem passenden Namen Wohlgelegen. Moosüberwachsene Wasserbecken, mächtige Bäume und alte Mausoleen bieten viel Lebensraum.*
- ***Alter Friedhof Luzern:*** *aufgelassener Friedhof voller alter Bäume und Fledermauskästen. Viele Bänke, die dazu einladen, sich hinzusetzen und zu beobachten, wer ab den frühen Abendstunden vorbeigeflattert kommt. Für die Kinder gibt es einen Spielplatz.*

Hecken zum Verstecken

Nicht nur Wege unterteilen den Friedhof in einzelne Bereiche, sondern auch Hecken. Diese halten zudem den Wind ab und auch den Lärm der Stadt und des Straßenverkehrs. Für die Friedhofstiere ist eine Hecke dagegen keine Barriere, die meisten schlüpfen einfach durchs Geäst. So kommen sie ohne Probleme von Friedhofsteil zu Friedhofsteil, vom Nistplatz zum Futter, vom Winterquartier zum schönsten Plätzchen für die Partnersuche. Gleichzeitig bieten Hecken kleineren Tieren Schutz und Versteck vor größeren Verfolgern. Hecken aus Sträuchern sind außerdem ein eigener Lebensraum für sich, raumgreifend und frei wachsende Wildsträucherhecken noch weit mehr als akkurat gestutzte Eiben und Hainbuchen. Solche Hecken sind Jagdrevier, Niststätte und Schlafplatz in einem, außerdem auch ein Futterplatz, denn je nach Strauchart grünt, blüht und fruchtet beinahe immer was, das zum Beispiel Vögel und Haselmäuse gerne fressen. Zu Füßen der Hecke wächst, wenn man ihn lässt, ein Saum aus Wildem Majoran und Klettenlabkraut, aus Ackerwinde, Nachtkerze, Wegmalve, Flockenblume und Brombeere. In diesem Dickicht lebt es sich noch sicherer. Futter bieten die wilden Pflanzen außerdem, weil sie Samen, Blätter und Früchte haben; und weil ihre Blüten Insekten anlocken, die ja ebenfalls Nahrung für viele Tiere sind. In diesem Heckensaum sammelt sich im Herbst das Laub, das bietet kleinen wie großen Tieren ein Bett für den Winter.

Hecken und einzelne Sträucher grenzen die einzelnen Bereiche rund um die Kapelle auf dem Friedhof Bad Rothenfelde ab. Die Tierwelt findet hier, am Südrand des Teutoburger Waldes, Rückzugsorte und Futter. Gezielte Auswahl der Bepflanzung und ökologische Aufwertung frei werdender Flächen sorgen für noch mehr Artenvielfalt. ▶

Neuntöter (Foto rechts), Zaunkönig und viele andere Vogelarten, aber auch Kleinsäuger wie Haselmaus und Igel brauchen Hecken und bunte Säume

Sie fühlen sich hier wie im Paradies

Neuntöter: keine Horrorfigur, sondern ein Vogel aus der Familie der Würger. Sein Namen kommt daher, weil er seine Beutetiere, Schmetterlinge, Libellen, aber auch Mäuschen und andere Vögel, auf Dornen und Stacheln aufspießt. Wildrosen und Weißdorn in einer Hecke spielen ihm hier in die Hände.

Haselmaus: keine Maus, sondern eine Bilchart wie der **Siebenschläfer**. Beide machen sehr lange Winterschlaf, acht Monate vom Herbst bis zum Frühling. In dieser ganzen Zeit fressen sie nichts, umso mehr müssen sie im Herbst in sich hineinfuttern. Gerade der Haselmaus geht es hier auf dem Friedhof gut, denn sie ist zaghafter als der große Kollege Siebenschläfer. Sie nimmt nicht einfach so jeden x-beliebigen Garten, um einen Platz zum Schlafen, Leben und zur Familiengründung zu haben. Zwischen Mai und Juni bekommen die Bilche ihre Jungen. Dafür legen sie kleinen Nester an, Kugeln aus Pflanzenmaterial, am liebsten in Baumhöhlen, Nistkästen oder dichten Hecken.

Baummarder: sieht dem stadtbekannten Auto- und Dachbodenrowdy, dem Steinmarder, sehr ähnlich, ist aber längst nicht so zivilisationstauglich, sondern ein bisschen empfindlich. Fühlt sich das Weibchen gestört, trägt es den ganzen Wurf in ein neues Nest. Wieder und wieder. Das zehrt Mutter und Kindern an den Nerven und Kräften, selten kommt der Wurf dann durch. Auf dem Friedhof auf den hohen Bäumen und in den dichten Hecken haben sie himmlische Ruhe.

Zaunkönig: Dieser braune Winzling, der durchs Gebüsch hoppst und schwirrt, mag Hecken ganz besonders gern. Dort findet er Fressen und ein Plätzchen für sein kugeliges Nest aus Moos und Lehm.

Igel: Absoluter Heckenfan, denn ein besseres Plätzchen, um den Tag zu verbringen, gibt es nicht. In der Dämmerung werden Igel aktiv und patrouillieren durch ihr großes Revier und futtern Regenwürmer, Fallobst, Beeren, Knospen oder Schnecken. Auch ihre Nester bauen sie gerne in Hecken, ziehen hier die Handvoll Jungen groß und in der dicken Laubschicht zu Füßen der Sträucher finden sie auch einen warmen, ungestörten Platz für die Winterruhe.

So wird es noch paradiesischer

Hecken auf Friedhöfen werden der schlichten Pietät wegen oft nur aus einer Baumart angepflanzt: nur Lebensbaum, nur Kirschlorbeer. Für viele Tiere ist das oft nicht viel lebendiger als ein Drahtzaun, der oft noch mit viel Dünger, Pflanzenschutzmittel und Energie in Form gehalten wird. Nur Buche, nur Eibe, das ist schon ein bisschen besser, immergrüner Wohnraum zumindest und ein paar Blüten und Beeren gibt es auch. Aber verglichen mit einer echten Wildsträucherhecke monoton und artenarm. Um solche Hecken – und auch Zäune – auf die Schnelle lebendiger zu machen, kann man Rankendes wachsen lassen, Büsche und Sträucher davor pflanzen, den Saum aus sich von alleine ansiedelnden wilden Pflanzen stehen lassen. Auch ein Blühstreifen aus Sommerblumen und Insektenfutterpflanzen ist eine Möglichkeit auf die Schnelle. Und vielleicht auch als kleine Guerillaaktion möglich. Wenn Mohnblüten und Ringelblumen erst mal leuchten, bringt der Friedhofsgärtner es vielleicht auch nicht mehr übers Herz, alles ordentlich kurz zu scheren.

Im Herbst verfängt sich vom Wind getriebenes Laub in den Hecken – das kann und soll dort liegen bleiben dürfen.

Auch Wildsträucher kann man übrigens oft in Form schneiden; und gestutzt werden sie ohnehin ab und zu. Wenn das Schnittgut der Hecke unten an die Füße gesteckt wird, bleibt es als Totholz dem Naturkreislauf erhalten. Außerdem bildet sich so ein schönes Dickicht.

Wildsträucher müssen aber nicht als Hecke gepflanzt werden. Auch auf den Gräbern können statt einer Zierkonifere und einem Zwergahorn eine Zwerg-Felsenbirne und ein Geißklee wachsen oder auch die rotbeerige Berberitze.

Immergrüne Schnitthecken aus Buchs, Liguster und Eibe sind nicht nur auf dem Friedhof Warendorf eine friedhofstypische Bepflanzung. Bunter und strukturreicher wird es mit Wildsträuchern und Unterwuchs. ▶

Buntes Herbstlaub und Wildrosen spiegeln sich im Teich des Parkfriedhofs (Foto rechts)

Hier ist es schon paradiesisch

- ***Briesnitzer Friedhof, Dresden:*** *Eigentlich sind es zwei Friedhöfe: Der innere Teil ist der direkte Nachfahre eines uralten Kirchhofs, drum herum entstand nach und nach dann der von Hecken und alten Bäumen geprägte Erweiterungsteil.*
- ***Westfriedhof Ingolstadt:*** *trägt den Beinamen Heckenfriedhof. Denn unter den alten Birken, Ahornbäumen und Linden ziehen sich Hainbuchenhecken entlang, um die Gräberfelder zu gliedern. Vögel nutzen sie als Nistplätze und Unterschlupf.*
- ***Stadtteilfriedhof Lahe, Hannover:*** *noch längst keine hundert Jahre alt, voll mit Bäumen und Hecken, aber alles sehr locker und großzügig. Was zum Teil daran liegt, dass noch nicht so viele Leute bestattet werden mussten, wie in den Fünfzigerjahren vermutet. Die Hecken haben wilden Unterwuchs, die noch leeren Flächen sind mit Wiesenblumensamen eingesät. Vielfalt ist das Markenzeichen des Friedhofs, so gibt es unter anderem auch einen Friedhofsteil für jesidische und für jüdische Bestattungen.*
- ***Waldfriedhof Schaffhausen:*** *runde 100 Jahre alt, voll mit dichten Hecken und Bäumen und so naturnah, dass sich Glühwürmchen besonders wohlfühlen. Das leuchtende Schauspiel der Partnersuche ist in den Sommermonaten ein Besuchermagnet.*

Die große Trauerweide ist ganzjährig ein Anziehungspunkt

Ruheorte und Logistik für die Lebenden

Dem Leben und Treiben in einer Hecke kann man stundenlang zuschauen. Es raschelt und kruschelt, summt und piepst die ganze Zeit. Wie viele Vögel tatsächlich drinsitzen, merkt man erst, wenn man ganz nah herangeht und die Tierchen scharenweise auffliegen. Gut, dass es auf einem Friedhof so viele Bänke gibt, für eine private Ruhepause und fürs stille Gedenken, aber eben auch für Naturbeobachtungen. Einen Menschen, der ruhig dasitzt, haben die Tiere bald schon nicht mehr auf dem Radar und sie gehen wieder ihren Geschäften nach. Die meisten Bänke stehen einzeln, für die Privatsphäre der Trauernden. Es gibt aber auch Bankgruppen, kleine Pavillons und auf großen Friedhöfen sogar Wanderhütten, für alle, die vielleicht doch gerne zusammensitzen. Auch nach einer Beerdigung ist es ja üblich, sich noch zu treffen und gemeinsam zu essen,

warum also kein Picknick machen, nach einem Besuch am Grab? Außerdem sind Friedhöfe ihrer Schönheit und besonderen Atmosphäre wegen beliebte Ausflugsziele, ihre Tier- und Pflanzenwelt ein lohnendes Ziel naturkundlicher Exkursionen.

Manche Friedhöfe bieten auch Führungen an, zur Geschichte, zur Botanik, zu den Fledermäusen. Für all diese Besucher sind Picknicktische oder eine Wanderhütte ideal. Leben auf dem Friedhof ist doch auch etwas Tröstliches. Dass im Namen der Pietät vieles so steif und sperrig gehandhabt wird und wirkt, dient weniger dem würdevollen Umgang mit dem Thema Tod, sondern dem Wunsch, das Thema abzuwehren und die Gefühle auf Abstand zu halten. Im strengen Korsett der Konventionen gerät man halt nicht »aus der Fassung«. Totenwürde verträgt aber durchaus auch Lebendigkeit.

Auf größeren Friedhöfen findet sich auch oft der Betriebshof mit den großen Müllcontainern, Komposthaufen und Erdmieten. Auch bei unserem idealisierten Friedhof ist das so. Manche der Erdmieten liegen schon sehr lange hier, sind an der Hinterseite grün bewachsen, vorne wird immer mal was weggeschaufelt und sie sehen aus wie kleine Sandgruben mit Steilwand. Darin haben Sandbienen Brutkammern gebaut und Eier hineingelegt, samt einem kleinen Pollenvorrat für das Babybienchen. Das im Sand versteckte Essen lockt andere Insekten an, Ameisen zum Beispiel. Auch Wegwespen, Grabwespen, Ameisenlöwen, Spinnen und Laufkäfer leben im Sand. Insekten ziehen wiederum Eidechsen und Vögel an. Die lieben übrigens auch Bäder im Sand, Spatzen vor allem, um Flöhe und anderes loszuwerden.

Insgesamt ist es hier ein bisschen wie auf dem Hinterhof, alte kaputte Grabsteine sind hier gestapelt, morsche, inzwischen von Moos überwachsene Bänke wurden abgestellt, und es sieht bei Weitem nicht so ordentlich und pietätvoll aus. Es ist aber voller Leben und zwischen, auf und neben allem wächst, was kommt und will: Wildblumen, aber auch Pflanzen, die es vom Kompost heruntergeschafft haben oder aus anderen Teilen des Friedhofs eingewandert sind.

◀ Hinter Bänken und in abgelegenen Ecken darf es ruhig wilder sein

In kleinen Ausschnitten wachsen diese fantastischen Pflanzengesellschaften auch rund um jeden Müllcontainer, von denen es einige verteilt auf dem Friedhof gibt. Manche sind versteckt hinter Eiben und Efeu, ansonsten wächst dort, was kommt und was bleiben darf. Denn das, was im Fachjargon Ruderalpflanzen heißt – Stauden, Gräsern, Kräuter, die auf vom Menschen stark veränderten Standorten als Pioniere von alleine wachsen –, firmiert landläufig unter Unkraut: Brennnessel, Löwenzahn, Storchschnabel, Knopfkraut und Steinklee, Königskerze, Distel oder Bittersüßer Nachtschatten. Auf Gräbern mag das zu »ruderal« sein, hier dürfen sie bleiben, Biomasse bilden und Nektar, Pollen, Raupen- und Larvenfutter für alle möglichen Insekten zur Verfügung stellen.

Ebenfalls über den ganzen Friedhof verteilt sind Wasserzapfstellen und Brunnen, mal moderne Kunst, mal alte Natursteinbecken, bewachsen mit Moos und Flechten. Blütenblätter treiben im Wasser, im Herbst buntes Laub. Wasserläufer flitzen hin und her, und aus manchem Brunnen schaut wie im Märchen ein Frosch heraus.

Sie fühlen sich hier wie im Paradies

Spatzen: auch Sperlinge genannt, zählen zu den häufigsten Vogelarten bei uns und sind echte Kulturfolger. Sie haben sich vor über 10 000 Jahren dem Menschen angeschlossen und leben heute, außer in den Tropen, auf der ganzen Welt in dessen Nähe. Sperlinge sind Koloniebrüter und dafür finden sie hier passenden Lebensraum. Besonders die knuddeligen Haussperlinge sind oft wenig scheu und hüpfen auch hier zwischen den Tischen im Friedhofscafé herum. Feldsperlinge mögen es weniger trubelig – was die Nähe zum Menschen angeht. Von ihresgleichen können sie nicht genug um sich haben, oft sind die Vögel in großen Trupps unterwegs. Früher häufig auf dem Lande – daher der Name –, finden sie jetzt auf Friedhöfen das, was sie brauchen und mögen: Hecken zum Brüten und Verstecken, reichlich Samen und Körner als Futter; und für die Küken gibt's Insekten. Unterscheiden kann man die beiden Arten an ihrer Größe und an den Federn: Feldsperlinge sind kleiner und haben

◀ Der Stock im moosbewachsenen Wasserbecken ist für Tiere überlebenswichtig

am Oberkopf ein samtbraunes Mützchen, auf der Wange einen schwarzen Fleck.

Mäuse: Sie sind immer gerne dort, wo Menschen sind und Müll hinterlassen. Allerdings ist Maus nicht gleich Maus. Hausmäuse etwa sind eigentlich Steppenbewohner und im Gepäck von Menschen in der ganzen Welt verbreitet worden. Weil sie es gerne warm haben, leben sie am liebsten in Häusern und Scheunen. Sie schlafen tagsüber und gehen nachts auf Futtersuche. Es gibt außerdem Feldmäuse, Waldmäuse, minikleine Zwergmäuse, Rötelmäuse und Gelbmäuse. Sie alle mögen weniger eng mit den Menschen zusammenwohnen, lieber im Wald und im Gebüsch, auf einem Friedhof ist Platz für sie alle. Mauselöcher werden übrigens sehr gerne von Hummeln als Nester nachgenutzt.

Spitzmäuse: Trotz des Namens haben sie nichts mit den eigentlichen Mäusen zu tun. Sie haben keine Nagezähne, sondern sind Insektenfresser. Am liebsten mögen sie Larven und Schnecken und alles, was sonst noch weich, glatt und ohne sperrige Flügel und Beine ist. Auf die Jagd gehen sie nachts. Tagsüber schlafen sie in Erdlöchern und Felsspalten, aber auch gerne in der Wärme von Asthaufen, im Laub oder im Kompost. Oft legen sie darin ein Nest aus getrockneten Blättern und Gräsern an. Weil es immer weniger Insekten gibt, haben es auch die Spitzmäuse nicht leicht. Es gibt verschiedene Arten, und auf dem Friedhof fühlen sich einige von ihnen besonders wohl.

So wird es noch paradiesischer

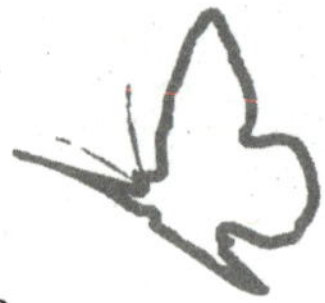

Gießkannen, Hacken und Harken, ab und zu eine Schere, viel mehr braucht es nicht zum Gärtnern am Grab. Manche Friedhöfe bieten Leihgeräte an, angekettet und gegen ein Pfand zu benutzen. Nicht jede und jeder muss dann immer alles mitbringen oder hinterm Grabstein einen ganzen Gerätepark verstecken; wenn doch: bitte zur Mitbenutzung freigeben. Das spart Ressourcen und stiftet Gemeinschaft.

Wasserstellen zu sichern, ist ebenfalls wichtig: Damit Igel, Vögel, Käfer, aber auch Frösche aus den oft glattwandigen Brunnen wieder herauskommen, Steine, Stöcke oder Bretter als Ausstiegshilfen hineinlegen. Ein Schild hilft, Besucher zu informieren, damit sie es auch drin liegen lassen.

Wasser sparen heißt: richtig gießen, direkt an die Pflanze auf die Erde und nicht einfach von oben mit der Kanne darübersprengen. Sonst verdunstet eine Menge Wasser, und was auf dem Boden landet, befeuchtet nur noch die Oberfläche, statt den Boden bis zur Wurzeltiefe richtig nass zu machen. Richtig gießen ist auch: wenig gießen. Und dafür muss man richtig pflanzen und gärtnern. Also das säen und setzen, was gut auf dem Standort klarkommt und nicht ständig betüdelt werden muss. Außerdem: nackte Erde zwischen den Pflanzen vermeiden. Was aus Gewohnheit gut und ordentlich aussehen mag, setzt den Boden – und die Bodenlebewesen – ungeschützt Wind und Sonne aus. Bilden die Grabblumen keine dichte Pflanzendecke, kann beispielsweise mit Holzschnitzeln gemulcht werden.

Müll vermeiden: Ein Friedhof in der Dämmerung, auf dem Hunderte und Tausende rote und weiße Lichter glühen, hat schon von Weitem etwas sehr Besonderes. Aber: Die gebräuchlichen Grablichter sind aus Stearin in einer Kunststoffhülle mit Metalldeckel – und auf vielen Friedhöfen, die auf den Gräbern laut Satzung oft nur »kompostierbare Materialien« erlauben, verboten. Gleichzeitig aber werden sie oft geduldet, in der Hoffnung, die Menschen nehmen das leere Grablicht wieder mit, werfen es zu Hause in die gelben Tonne oder entsorgen es auf dem Friedhof fachgerecht im Nicht-Kompost-Müll. Mehr und mehr stehen auf den Gräbern auch LED-Lichter. Das ist gut, weil man dasselbe Grablicht immer wieder mit einer neuen Batterie ausstatten und so länger und öfter nutzen kann. Das ist schlecht, weil das vielen zu umständlich ist. So gibt's zusätzlich zu den Haufen an Plastikmüll auch noch Elektroschrott. Alternativen sind Stearin im wiederbefüllbaren Glas oder Sonnengläser und Solarlampen, die sich jeden Tag neu aufladen und bei Dunkelheit automatisch anschalten. Oder eine Grablaterne mit Bienenwachskerze darin. Die sieht dann auch schön aus, wenn die Flamme verloschen ist.

Hier ist es schon paradiesisch

- ***Evangelischer Friedhof Marxloh, Duisburg:*** *Durch ein großes Backsteintor gelangt man direkt auf die unter einem großen Baum gelegene und von Rosen umstandene Urnengemeinschaftsfläche. Neben typischen Gräbern gibt es hier naturnah bepflanzte und auch solche, die die Natur selbst mit ihrem Repertoire aus Blumen und Kräutern bestückt. Der hintere Teil, mit Betriebshof und Kompost und anderer Logistik, ist eingefasst mit einer Trockenmauer, die mit Fingerhut und Schöllkraut und anderen heimischen Pflanzen überwachsen ist.*
- ***Friedhof Wallau, Hofheim:*** *Ohnehin schon wild durch seine Lage mitten im Wald, darf es hier gerne noch wilder sein. Um Brunnen und Müllstellen wachsen Brennnesseln, Disteln und Knopfkraut, zu Füßen der Urnenmauer breiten sich Farne aus. Hinter einer Hecke versteckt ist der Betriebshof, der außer den Maschinen viel dichtes Gebüsch und Pflanzen beherbergt. Außerdem gibt es überall verteilt Vogeltränken.*
- ***Friedhof der Sankt-Matthäus-Gemeinde, Dorsten-Wulfen:*** *kleiner Friedhof, dessen alte und malerisch bewachsene Wasserbecken und Brunnen sehr sehenswert sind.*
- ***Rasenfriedhof Dachsenhausen:*** *liegt mitten im Wald und gibt sich sehr modern und freundlich. Beisetzungen in der Wasserurne sind ebenso möglich wie im Kräuterhochbeet. Man kann an einem Zaun Erinnerungsschlösser anbringen und im Wintergarten Leichenschmaus halten oder einfach nur einen Kaffee trinken. Für die Kinder gibt es sogar einen kleinen Spielplatz.*

Wasserurnen (Foto rechts) sind ebenso wie Gemeinschaftsflächen mit Wildpflanzen (Foto gegenüberliegende Seite) neue Beerdigungsformen

Wasser ist Leben, Leben am Wasser

Den Mittelpunkt unseres Friedhofs bildet ein lang gestreckter Teich. Einige Trauerweiden stehen am Ufer, eine liegt umgekippt halb im Wasser, wächst aber weiter. Ihre Zweige und Blätter bilden einen kleinen Pavillon und auf dem Baumstamm sitzen die Enten. Drum herum paddeln Haubentaucher und eine Familie Blässhühner. Wasserminze blüht rosaviolett und duftet herrlich. Am gegenüberliegenden Ufer stehen dichtes Röhricht und Schilf, Brutplätze für all die Teichvögel. Am Wasser zu sitzen, ist schön. Das sanfte Plätschern schafft auch auf engem Raum Privatsphäre, und aufs Wasser zu schauen, beruhigt ungemein.

Der hohe schlanke Blutweiderich entfaltet seine rotrosa Blütenähren. Im Frühling ist alles gelb von Sumpfdotterblumen, die in freier Wildbahn so selten geworden sind wie ihre Lebensräume – sumpfige Wiesen, Quellen, Bäche und Gräben. Dahinter schließt sich eine Feuchtwiese an, die statt trockengelegt zu werden, als eigenes Biotop gestaltet ist. Ein Weg aus Holzplanken führt hindurch, sodass Besucher trockenen Fußes die Blütenpracht von Kuckuckslichtnelken und Wiesenschaumkraut bewundern können, ohne dabei das reiche Tierleben von Amphibien, Insekten und Vögeln zu stören. Auf großen Friedhöfen wie unserem sieht man manchmal sogar ein Storchenpaar, das hier wie im bekannten Kinderlied auf roten Strümpfen durch die Sümpfe watet und *klapperdiklapp* Frösche schnappt, mit denen es dann hoch zum Nest auf dem Turm der Kapelle fliegt, um den Nachwuchs zu füttern.

An anderen Stellen sind verschiedene kleine Gewässer angelegt, ein Teich als Naturschutzprojekt, ein gemauerter Bachlauf als eher künstlerisches Gestaltungselement. Das fördert nicht nur die Aufenthaltsqualität für die Besucherinnen und Besucher. Auch für die Tierwelt wirkt sich schon ein solches Kleinstgewässer sehr angenehm aus. Auf manchen Gräberfeldern stehen außerdem kleine Miniteiche in der Zinkwanne, die Deko und Wuchsort für Pflanzen gleichzeitig sind. Und überall gibt es Schalen und Schüsseln als Tränken für Insekten und Vögel.

Wasserflächen, Sitzbänke und Sonnensegel laden am Parkgrabfeld des Friedhofs Mannheim zum Verweilen ein ▶

Sie fühlen sich hier wie im Paradies

Bachstelze: Der kleine grauweiße Vogel mit dem schwarzen Kopf verbringt seine Tagesfreizeit gerne rund ums Wasser, hier sammelt er Insekten. Ihre Nester bauen die Bachstelzen in geschützten Nischen. Auf Friedhöfen finden sie Insekten als Nahrung und einen weit besseren Lebensraum als in unserer Kultur- und Agrarlandschaft.

Teichfrosch: eine anpassungsfähige Amphibie, kommt deshalb in vielfältigen Lebensräumen vor. Die Frösche mögen dichtes Gestrüpp, sonnige Plätze und ein bisschen Wasser. Zum Planschen reicht ihnen auch ein Wassertrog. Zum Laichen soll es dann aber bitte etwas Größeres sein, und zum Überwintern brauchen sie Laub und lockere Erde.

Feuersalamander: braucht Steinspalten, Löcher im Boden oder loses Wurzelwerk zum Überwintern. Für die Larven ruhige Kleingewässer, das finden diese ungewöhnlichen Tiere auf einem großen Friedhof. Die Tage verbringen die Amphibien im Laub oder unter altem Holz.

Libellen: gibt es schon seit Hunderten Millionen Jahren. Sie sind vielleicht die ersten Lebewesen überhaupt, die fliegen konnten. Sie zackig übers Wasser und über die Wiesen patrouillieren zu sehen, ist ein schöner Anblick. Sie mögen lichte, besonnte, windgeschützte Landschaften wie hier auf dem Friedhof, mit vielen Blüten, an denen sich viele Insekten tummeln, die sie fressen können. Plätze zum Ruhen und Sonnen mögen sie ebenfalls, gerne Totholz, Steine, Blütendolden und Sträucher. Für ihren Nachwuchs brauchen sie Wasser, zwei Jahre leben sie dort als Larven. Dann klettern sie das Schilf hoch, entpuppen sich, lassen den Panzer aushärten und fliegen weg: zum Jagen und Fressen und zur Partnersuche.

Wasserfledermaus: frisst am liebsten Libellen und lebt und jagt in der Nähe von Gewässern. Ihren Nachwuchs zieht sie in Baumhöhlen und Mauerlöchern auf, den Winterschlaf verbringt sie in feuchten Stollen. Genau wie die **Teichfledermaus,** die an einem Friedhof auch noch schätzt, dass es hier viel Platz zum Kinderkriegen gibt. Weil Teichfledermäuse das gerne in Gruppen von bis zu mehreren hundert Weibchen machen, braucht sie diesen auch. Außerdem schätzen sie Gruften als Winterquartiere.

Enten, Frösche, Schnecken und Insekten: sie alle brauchen Wasser

So wird es noch paradiesischer

Bitte! Nicht! Füttern! Das wissen wir alle, viele halten sich aber trotzdem nicht dran. Die Kinder haben doch so einen Spaß … Das Stückchen Brot… Deshalb noch mal: Erstens verlernen die Tiere, für sich selbst zu sorgen, und zweitens lernen sie, dass Menschen Futterspender sind. Gänse, Möwen, aber auch Enten können dann sehr dreist werden, wenn sie Hunger haben. Wasservögel mit altem Brot zu füttern, führt zu höheren Beständen, irgendwann sind vor allem deren Exkremente einfach zu viel für einen kleinen Teich, und auch die Wiesen drum herum bekommen weit mehr ab, als sie verkraften. Was die Tiere nicht fressen, bleibt im Wasser und fault. Ist der Teich klein und hat wenig Frischwasserzufluss, fault irgendwann auch das Wasser. Viele Tiere auf dem Friedhof sind nicht scheu. Wer sich ein paar Minuten Zeit nimmt, ruhig stehen oder auf einer Bank sitzen bleibt, der kann schöne Beobachtungen machen und hat viele Begegnungen, auch ohne Futter als Lockmittel.

Für einen weiten Blick aufs Wasser muss die Böschung licht und offen sein. An anderen Stellen brauchen die Tiere dichtes Schilf und Röhricht. Hier haben die Wasservögel ihre Nester, hier leben auch viele große und kleine Insekten, am und im Wasser, von denen sich dann wiederum viele andere Tiere ernähren. Der feuchtfrische, aber länger frostfreie Boden um den Teich wird von Amphibien und Insekten auch gerne genutzt, um im Boden verbuddelt den Winter zu überstehen. Halten Sie sich also am besten nur dort auf, wo Bänke, Wege oder Stege den Besuchern Plätze anbieten, lassen Sie die wilden Ecken wild sein und die Tiere und Pflanzen dort in Ruhe. Auch wenn es sich abseits der Öffentlichkeit vielleicht viel besser nachdenken lässt oder der Schwan in der Abendsonne aus dem Schilf heraus viel malerischer zu fotografieren wäre.

Hier ist es schon paradiesisch

- ***Friedhof Riensberg, Bremen:*** *Teiche und Gräben prägen diesen Stadtteilfriedhof voll alter, hoher Bäumen, erlebenswert ist auch die alte Kapelle.*
- ***Garten des Friedens, Fürstenzell:*** *Ein noch junger Friedhof, die Grabstellen sind auf und um eine helle Blumenwiese herum nach der chinesischen Harmonielehre Feng Shui angelegt. Dazwischen stehen Bäume und es gibt einen Bachlauf, der in den großen Teich am Eingang mündet. Der ist grafisch geformt und voll mit Fröschen, Wasserläufern und Libellen.*
- ***Waldfriedhof Heerstraße, Berlin:*** *Der Sausuhlensee liegt in einer Senke inmitten eines Kiefernwaldes. Um diesen Tümpel herum wurden Wege und Grabstätten angelegt, noch mehr Bäume, Laubbäume vor allem, gepflanzt. Viele Berühmtheiten sind hier beerdigt, unter anderem der Humorist Vicco von Bülow, dessen Künstlername Loriot übrigens aus dem Französischen stammt und auf Deutsch Pirol bedeutet. Auch ein seltener Vogel, der auf Friedhöfen aber noch öfter vorkommt.*
- ***Hauptfriedhof Frankenthal:*** *Der örtliche Naturschutz hat dort einen Teich angelegt, samt Natursteinmauer. Daraus ist mittlerweile ein verwunschenes eingewachsenes Gewässer geworden, zu dem Frösche und Kröten auch zum Laichen kommen.*
- ***Heidefriedhof Dresden:*** *Große Teiche wurden hier ganz neu angelegt, sie geben dem Friedhof Lebensraum und Flair; entlang des Ufers kann man sich auch bestatten lassen.*

Sprudelndes Wasser und ein Bachlauf gehören zum Konzept des Naturfriedhofs in Fürstenzell ▶

Die Brücke über den kleinen Teich führt zu den Gräbern des Parkgrabfeldes in Mannheim

Bunte Blumen für die Toten, Futter für die Tiere

Jetzt kommen wir zum Eigentlichen: zu den Gräberfeldern. Große Mausoleen und große Familiengrabstellen haben wir auf unserem Friedhof schon entlang des Hauptwegs gesehen. Aber all die anderen vielen Grabstellen auf dem Friedhof sind weit auf der Fläche verteilt. Sie sind sortiert nach Grabarten und auch nach Bestattungsarten. Größere Wahlgräber sind locker am Weg angeordnet, von Hecken in kleine Gruppen geteilt. Dann kommen die Abschnitte mit Reihengräbern, eins neben dem anderen. Auf einer Lichtung liegen dann kleine quadratische Urnengräber.

Viele Gräber sind so bepflanzt, wie es üblich war und oft noch ist: ein Rahmen aus immergrünen Kleinsträuchern, eine größere Konifere oder ein rotlaubiger Ahorn als Blickfang neben dem Grabmal und je nachdem wie viel Platz ist, die jahreszeitliche Wechselbepflanzung aus dem Gartencenter: Stiefmütterchen, Primeln, Begonien, je nach Größe des Grabs zu Formen und Figuren angeordnet; kreuzweise, als Yin und Yang oder als Figur, die etwas mit dem Leben der oder des Toten zu tun hatte: ein Fußball oder eine Hundesilhouette beispielsweise. Dazu eine Steckvase aus Kunststoff und ein Grablicht, fertig ist der Friedhofslook.

Für Insekten sind solche Gräber meist nicht viel mehr wert als solche, die mit Kunstrasen bedeckt sind, mit Kieselsteinen, Schotter oder glatt polierten Marmorplatten. Auch die gibt es hier. Neben Gräbern, die dicht mit Mauerpfeffer, Fetter Henne und Hauswurz bepflanzt oder voller Lavendel sind. Auf manchen blühen Rosenstöcke, auf anderen bilden Rosensträucher schon wieder Hagebutten, manche Gräber sehen aus wie ein Balkonkasten voll bunter Sommerblumen. Glockenblumen in allen Größen und Farben sind zu sehen. Sogar Edelweiß und Enzian wächst auf einem Grab, das gefällt den Bienen und dem unter der Erde liegenden Bergfreund vielleicht auch besser als ein aus gefärbter Heide oder Plastik-Heidekraut geformter Wanderschuh.

Natürlich kann eine Friedhofsverwaltung »tote« Gräber verbieten. Genauso wie es verboten sein kann, ein Grab mit Disteln, wildem Hopfen,

Bunte Vielfalt: Edelweiß und Lavendel auf dem Friedhof Passau, Hauswurz auf einem Grab in Warendorf ▶

Knopfkraut, Knöterich und Klee »verwahrlosen« zu lassen – auch wenn das die Insekten freut. Unsere Friedhofsverwaltung hier macht es anderes: Sie geht mit gutem Beispiel voran. Aufgelassene Gräber, also solche, deren Ruhefrist abgelaufen ist und die noch nicht wieder neu belegt worden sind, werden nicht mit Zierrasen außer Betrieb genommen, sondern mit Klee und Sommerblumen eingesät. Einige sind auch als naturnahe Mustergräber angelegt. Sie zeigen, dass ein Grab schön und gepflegt aussehen und gleichzeitig eine von Hummeln, Bienen und Schmetterlingen umschwärmte Oase sein kann. Von Schneeglöckchen bis Herbstaster, von Akelei bis Zitronenthymian gibt es rund ums Jahr viele Möglichkeiten. Auch Frauenmantel und Lavendel eignen sich. All das sieht sogar im Winter gut aus: Die abgeblühten Stängel sind mit Raureif überzogen und wirken mit einer kleinen Schneehaube sehr dekorativ. Pflegeleicht ist ein solches naturnah gestaltetes Grab übrigens auch. Die heimischen Pflanzen sind robust und müssen selten gegossen werden.

Aber unsere Friedhofsverwaltung weiß auch: Bei allem Sinn für den Naturschutz ist der eigentliche Zweck eines Friedhofs die Ruhe der Toten. Den Hinterbliebenen dient er als Ort des Gedenkens. Die Gestaltung der Gräber ist deshalb Privatsache und sie sollte es auch bleiben. Der eine mag bunte Kräuter, der andere Begonien, der eine Bodendecker, der andere blanken Marmor. Die Mischung macht's, für die Optik und auch für die Tiere. Auf Schottergräbern zum Beispiel sonnen sich gerne Eidechsen und Spinnen, sie brauchen aber das mit Wildkräutern bepflanzte Grab daneben, das sie als Versteck und Nistplatz nutzen und um Käfer, Würmer und Spinnen zu fangen. Und nachts kriechen sie wiederum auf einem anderen Grab in die Lücken zwischen Marmorplatte und Erde in ihr Schlafversteck.

Jede Bestattungskultur und andere als die westlich-christlich geprägte Religion hat auch noch ihre typische Art, Gräber zu gestalten. Auch die bieten weitere Mosaiksteinchen für diese bunte Mischung. Mit allem zusammen wirkt ein Friedhof so lebendig und vielfältig, wie es die Menschen sind. Warum sollte es im Tod anders sein? Die bunte Vielfalt im

Blüten von Hauswurz (Foto links) und Elfensporn (Foto rechts) sind auch bei Bienen beliebt

grünen Rahmen macht den Friedhof zu einem Ort, in dem sich Tiere auf jeden Fall gerne niederlassen. Und Seelen vielleicht eben auch.

Nur wenn eine bestimmte Art der Grabgestaltung um sich greift und nach und nach die Pflanzen vollständig durch bunten Schotter und weißen Kies ersetzt werden, kehren Tristesse und Naturferne ein. Das ist auf Friedhöfen nicht anders als in Neubausiedlungen.

Sie fühlen sich hier wie im Paradies

Wanzen: Gibt es reichlich auf den Friedhöfen, aber anders als im Kinderlied sitzen sie gar nicht so oft auf Mauern und Steinen, sondern sehr gerne auf Blüten und Blättern. Und nächster Mythos: Sie sind auch nicht an menschlichem Blut interessiert. Der schlechte Ruf kommt nur von einer Art, der Bettwanze. Die meisten anderen saugen statt Blut lediglich Pflanzensäfte. Manche stinken allerdings, wie die Grüne Stinkwanze zum Beispiel, die gern auf Bäumen und Beerenstauden wohnt und wirklich schlimm riechende Stoffe absondern kann, wenn sie sich in Gefahr wähnt. Andere Arten duften eher nach Birne, Kirsche, Zimt oder Vanille. Die rot-schwarze Streifenwanze, die oft auf Doldenblütlern wie Wiesenkerbel, Engelwurz oder Mannstreu sitzt, ist ein zusätzlicher Farbtupfer auf dem Grab.

Weichkäfer: noch mehr Farbtupfer. Im Frühsommer ist besonders der schwarz-rote Gemeine Weichkäfer schön zu beobachten. Dann treffen sich Käfers auf Schafgarbe und Wilder Möhre und halten Ausschau nach Liebespartnern; und auch nach Beute. Kleine Insekten und Läuschen sind im Wesentlichen ihre Nahrung, sonst knabbern sie auch mal an den Blättern. Die Larven ernähren sich reichlich von Schnecken und Würmern. Zum Überwintern brauchen die Larven einen Platz unter Steinen und im Laub. An warmen Wintertagen kommen sie hervor und lassen sich gut beobachten.

Steinhummeln: Die eher kleinen und fast schwarzen Tiere mit roten Hinterleiben nisten gerne im Felsigen – daher der Name – und daher sind sie häufig auf Friedhöfen mit ihren alten Gemäuern und Steinen anzutreffen. Mit leckeren Blüten von Disteln, Färberkamille oder Glockenblumen laden Sie die Tiere zum Essen aufs Grab ein. Auch andere Hummelarten finden auf den meisten Friedhöfen alles, was sie mögen und brauchen. **Baumhummeln** etwa nisten gerne in der Höhe, für sie sind alte, rissige Buchen und Eichen genau richtig. Löwenzahn, Taubnessel, Klee und was sonst so zwischen den Gräbern wächst und wachsen darf, dient dann als Futter. **Ackerhummeln** mögen die offenen Brachflächen hier. Sie futtern an blühenden Bäumen, wilden Kräutern und besuchen wenig wählerisch auch sehr gerne die Zierpflanzen auf den Gräbern.

Florfliegen: Mit ihren zartgrünen Netzflügeln und den goldenen Augen sind sie ein wunderschöner Anblick. Eigentlich dämmerungs- und nachtaktiv, trifft man sie gar nicht mal so häufig, aber wenn sie auf einer Blüte in der Sonne sitzen, sind sie etwas taumelig und orientierungslos – und lassen sich in Ruhe gut beobachten. Der Nachwuchs der zarten Goldaugen sieht ganz anders aus und wird auch »Blattlauslöwe« genannt. Einer allein verputzt während seiner zweiwöchigen Entwicklungszeit an die fünfhundert Blattläuse.

Ameisenjungfern: Auch hier sind die Kinder »Löwen«, Ameisenlöwen nämlich. Und nicht nur Ameisen lauern sie auf, sondern auch anderen vorbeilaufenden Kleintieren. Bekannt sind die Ameisenjungfern dafür, dass sie sich im sandigen Boden eine trichterförmige Fallgrube buddeln und dann darauf warten, dass die Beute hineinfällt. Und wenn sie dann fällt, packen die Ameisenlöwen zu, werfen mit Sand, damit das Fressen nicht entkommen kann, und zerren es zu sich unter die Oberfläche. Mit extra Trichter jagen aber nur einige der weit über tausend Arten, die Gewöhnlichen Ameisenjungfern zum Beispiel. Viele andere verstecken sich einfach in Sand, Spalten oder bröseligem Holzmulm und lauern von dort ihrer Beute auf.

Saftkugler: ein besonderer Vielfüßer, der auf den ersten Blick gar keine Füße und die spaßig anzusehende Eigenschaft hat, sich wie in Igel zusammenzurollen, wenn er sich in Gefahr wähnt. So wird aus dem zentimetergroßen Krabbeltierchen, das man in, am oder auf dem Boden im dichten Pflanzenwuchs oder auch unter Laub, Holzstücken und Steinen findet, eine kleine schwarze Kugel.

Asseln: Die kleinen Krebstierchen mögen die feucht-frische Graberde gerne, sie leben in Laub und dichtem Pflanzenwuchs, unter Moospolstern, Baumstümpfen und Steinen. Sie fressen gerne abgestorbene Blätter, totes Holz und Pilzgeflechte. Beim Wühlen und Futtern lockern sie den Boden und ihre Verdauung stellt die Nährstoffe der toten Materie wieder dem Kreislauf des Lebens zur Verfügung. Außerdem sind sie nahrhaftes Futter für Kröten, Spinnen, Spitzmäuse, Igel, Maulwürfe und einige Vogelarten. Amseln verfüttern zum Beispiel Asseln gerne an die Brut.

Disteln und Weiden ziehen Hummeln an (Fotos links und rechts), Wanzen bevorzugen Doldenblütler (Foto Mitte)

So wird es noch paradiesischer

Auch auf dem Grab nachhaltig und naturnah gärtnern: keinen der landläufig als Kunstdünger bezeichneten mineralischen Dünger oder Flüssigdünger verwenden. Sie herzustellen, verbraucht viel Energie und verursacht Umweltschäden in den Ländern, wo einige ihrer Inhaltsstoffe abgebaut werden. Sie enthalten teils giftige Schwermetalle. Kompost – gibt es manchmal in den Friedhofsgärtnereien – ist besser; oder Naturdünger wie Wollpellets. Und keine Pflanzenerde mit Torf verwenden, auch keine Graberde mit Ruß- oder Farbzusätzen. Torf gehört ins Moor zu der dort lebenden ganz besonderen Tier- und Pflanzenwelt. Außerdem ist im Torf eine Menge Kohlendioxid gespeichert, das frei wird, wenn der Torf abgebaut wird. Also: torffreie Erde kaufen. Eine gute Alternative ist es, Maulwurfshügel »abzuernten«. Dann muss man noch nicht mal Säcke schleppen. Auf größeren Park- und Waldfriedhöfen sollte es leicht sein, auf den Wiesenflächen welche zu finden. Empfehlenswert ist diskretes Vorgehen: also nicht an einem sonnigen Sonntag mit der Schubkarre und dem Spaten losmarschieren. Sondern zu ruhigen Zeiten in kleinen Mengen die Erde sammeln. Wem dabei unwohl ist, fragt vorher bei der Verwaltung oder beim Friedhofsgärtner nach. Vielleicht ist der sogar so nett und bringt Ihnen ein paar Eimer ans Grab. Oder es lässt sich sogar eine kleine Gemeinschaftsaktion daraus machen. Ebenfalls wichtig: Milde walten lassen gegen sogenanntes »Unkraut« und »Ungeziefer«. Wenn es entfernt werden soll, dann nur mechanisch, nicht chemisch. Aber am besten gar nicht, denn Brennnesseln sind Raupenfutter und Blattläuse ein gefundenes Fressen für Marienkäfer.

Damit sich die Pflanzen immer wieder aussäen, erst dann zurückschneiden, wenn sie reif sind und sich versamt haben. Noch besser: gar nicht. Samenstände von Fetter Henne, Schafgarbe, Glockenblumen, Stockrosen und Co. sind gehaltvolles Vogelfutter für viele Arten. Manche Pflanzen sind Wintersteher und geben ihre Samen erst nach und nach frei, und auch wenn sie leer sind, haben sie noch einen Nutzen: In den hohlen Stängeln der verwelkten Blumen überwintern zudem Spinnen,

Florfliegen, Käfer und andere Insekten. Nun sehen verblühte Samenstände vor allem in feuchten Jahren nicht so ordentlich aus, wie es die Friedhofssatzung gerne hätte. Der trostlose Anblick ist auch für Trauernde nicht immer gut zu ertragen. Legen Sie dann einfach ein bisschen Hand an, schneiden und stutzen das Matschige ab. Nur die noch schönen Dolden und Trockenblüten bekommen dann ihren Auftritt, das Ausgeputzte kommt als Mulch und Frostschutz zu deren Füßen. Vielleicht ergänzt um immergrüne Zweige oder buntes Laub. So ist das Grab winterfit, gepflegt, schön – und naturnah.

Keine Scheu vor Nutzpflanzen: Irgendwo muss die Redewendung »sich die Radieschen von unten anschauen« ja ihren Ursprung haben. War es früher ein Zeichen für Wohlstand, ein Grab und damit ein Stück Land mit für die Ernährung nutzlosen Blumen zu schmücken, ist das heute nicht mehr wichtig. Auch wenn es nicht gleich Radieschen sein müssen, obwohl die schöne Blüten bilden, oder Zucchini und Kartoffeln und Tomaten – wie wäre es mit Feuerbohnen, Zuckererbsen und Kapuzinerkresse? Walderdbeeren und Kräuter wie Thymian, Salbei oder Currykraut gehören ohnehin zur traditionellen Grabbepflanzung und sind robust und pflegeleicht. Wer sie einfach blühen lässt, macht Hummeln, Bienen und Schmetterlingen und vielen anderen Insekten eine riesengroße Freude; und sich selbst auch: Denn bis weit in den Herbst hinein blühen sie herrlich umsummt und umschwirrt in Weiß, Rosa, Hellblau, Lila oder Gelb.

Totholz, direkt als Grabschmuck eingeplant oder ein bisschen versteckt zwischen Grabmal und Stauden platziert, macht das Leben für Wildbienen und Käfer noch netter, denn sie können dann mitten im Insektenbüfett wohnen. Auch Wassertränken für Vögel und Insekten lassen sich in die Gestaltung integrieren – oder die Dekorationsobjekte als Tränke nutzen: Eine leere Pflanzschale im Hochsommer, wenn eine Saisonbepflanzung wegen der Hitze schwierig ist, mit Wasser befüllen und ein paar schöne Steine hineinlegen, damit die Insekten darauf landen und trinken können, ohne zu ertrinken.

Am Rande: alte Symbolpflanzen, zeitgemäß naturnah

Wann und warum es genau üblich wurde, Gräber nicht nur zu schaufeln, sondern zu bepflanzen, lässt sich nicht genau sagen. Wahrscheinlich wurden schon in antiker Zeit zumindest Begräbnisstätten prominenter Tote mit Pflanzen und Blumen geschmückt und geehrt. Im magisch geprägten Mittelalter sollten Pflanzen Gutes bewirken und Böses abwehren. Dann wurden die Friedhöfe aus der Stadt vor die Tore ausgelagert, die Wege wurden weiter und der Blumenschmuck wurde dementsprechend weniger pflegeintensiv – so oft kam man ja dann nicht mehr hin. Die nach und nach eingeführten Ruhezeiten machten es erforderlich, dass der Ort der Bestattung mehrere Jahrzehnte lang in ansehnlichem Zustand gehalten werden musste, umso mehr verwandelten sich die Gottesäcker in kleine Gartenanlagen und Parks. Exoten statt heimischer Wildkräuter und Stauden waren eine vorzeigbare Alternative zu noch teureren Grabsteinen, Skulpturen und geschnitzten Kreuzen. Der Lebensbaum als Mausoleum des nicht ganz so Reichen und Berühmten. Mit der Aufklärung wurden Bepflanzung und Dekoration wieder schlichter, praktischer – und auch symbolischer und moralischer. Denn natürlich sollten und konnten die Blumen allerlei Religiöses, Spirituelles oder Symbolisches aussagen. Weiße Blumen wirkten so strahlend jungfräulich wie das ewige Leben. Mohnblüten und besonders die des Schlafmohns stehen für den Schlaf, und der Tod soll ja nichts anderes als »Schlafes Bruder« sein. Auch Starkduftendes wurde gern genommen, um der Seele duftende Flügel zu verleihen – und ganz praktisch, um unangenehme Gerüche zu überdecken. Ganze Regelwerke gibt es für die Symbolik der Toten-Pflanzen.

Letztendlich stehen aber alle Blumen für Schönheit und mit ihrem Kreislauf aus Samen, Keimen, Blühen, Reifen und Verwelken für Wiedergeburt und ewiges Leben. Dies auf dem Friedhof durch die passende Pflanzenwahl und die Gestaltung nachvollziehbar zu machen, ist ein schöner Gedanke. Viele dieser Pflanzen mit hoher Symbolkraft tauchen auch in den Listen der Pflanzen mit hohem Wert für die heimische Tierwelt auf. Da sage noch einer, Ökologie und Pietät schlössen sich aus.

Akelei: symbolisiert die Demut vor dem Tod – und ist damals wie heute äußerst beliebt bei Hummeln. Und ein sehr pflegeleichtes Pflänzchen: Sie sät sich immer wieder von alleine aus, wenn man sie blühen und reifen lässt.

Borretsch: hat Sternchenblüten, so blau wie der Mantel von Jesus Mutter Maria – und ist Wildbienenliebling.

Brennnessel: wehrhaft gegen das Böse – und eine der wichtigsten Futterpflanzen für Schmetterlingsraupen.

Disteln: haben Stacheln zum Schutz gegen böse Mächte – wachsen wie von allein und sind eine reiche Nahrungsquelle für Hummeln und Bienen aller Art, die fluffigen Samen werden vor allem von Vögeln gefressen. Ihre dicken Stängel sind im Winter Unterschlupf und Kinderstube für Käfer und andere Insekten.

Efeu: steht für Unsterblichkeit, ewiges Leben, Freundschaft, Treue – es blüht spät im Herbst, bildet Früchte erst im Winter und bietet damit quasi antizyklisch zum Rest der Natur genau dann Nektar, Pollen und Früchte, wenn sonst kaum noch was da ist. Außerdem immergrün und damit Ganzjahreswohnraum für wilde Tiere.

Eibe: Die Zweige sind immergrün wie das ewige Leben, die Beeren giftig wie der Tod selbst. Für Vögel sind die roten Früchte aber ein echter Leckerbissen – das Geäst ein Unterschlupf in der kahlen, kalten Jahreszeit.

Walderdbeere: steht für Bescheidenheit und Demut – und fädelt sich als Bodendecker mit ihren langen Ausläufern fein und unaufdringlich in jede Lücke, bildet hübsche Blüten und nahrhafte Beeren für Vögel, Mäuschen und andere Tiere des Friedhofs.

Kamille: rettet mit ihren Heilkräften vor dem Bösen – und bietet, je nach Art, früh im Jahr und weit in den Herbst Pollen und Samen. Sät sich immer wieder alleine aus.

Gänseblümchen: Symbol für die Liebe – und ein beständiger und bescheidener Fast-Dauerblüher.

Holunder: beherbergt gute Geister, so sagt man – Insekten und Vögel lieben ihn ebenfalls, wegen der vollen weißer Blütenschirmchen im Sommer und der unzähligen schwarzen Früchte im Herbst.

Klee: Steht für Glück und Lebendigkeit – alle Arten bieten Nektar, Pollen und auch süße Pflanzenkost an Blättern und Blüten. Mit ihren Knöllchenbakterien in den Wurzeln ist er Stickstoffsammler und damit Gründünger.

Königskerze: uralte Heilpflanzen und wegen ihre aufrechten Größe Symbol für ein langes Leben. Sie ist robust und bietet viel Nektar. An den Blättern fressen Raupen.

Krokus: wie Schneeglöckchen und all die anderen Frühblüher Symbol des Lichts, steht für Geduld, Hoffnung und Liebe. Für die Natur sind sie wertvolle frühe Pollenlieferanten, die Samen ernähren später die Ameisen.

Lavendel: Steht für Tugend und Demut, duftet stark und trägt Marias Farben – seine Blüten sind äußerst beliebt bei allen Arten von Wildbienen und Schmetterlingen, auch Taubenschwänzchen sind hier oft anzutreffen.

Maiglöckchen: steht für Reinheit und Erinnerung – und zieht ein Ausläufergeflecht durch den Boden, von dem aus es malerisch verteilt grüne Stängel mit zarten weißen Glöckchen treibt.

Minze: galt schon in der Antike als blumige Wiedergeburt der Göttin Menthe. Als Grabblumen sind Minzen pflegeleicht und von Hummeln umsummt. Abschnittsweise zurückgeschnitten, blühen sie auch noch im Herbst.

Mohn: je nach Opiatgehalt gut für sanfte Träume – aber alle Arten, ob Klatschmohn, Saatmohn, Islandmohn oder Goldmohn, bieten Nektar und vor allen Samen. Sie kommen, einmal gesät, immer wieder, dort wo sie offene Stellen zum Keimen finden. Den höchsten Opiumgehalt hat allerdings der Schlafmohn; und genau deswegen ist es auch verboten, ihn anzupflanzen.

Nelken: gelten als Blumen der ewigen Freundschaft – und sind auch auf dem Friedhof gut fürs Insektenbüfett, ihren Pollen fressen die Bienen, ihre Samen die Ameisen.

Ringelblume: Symbolpflanze für die Erlösung vom Tod – vielleicht, weil sie so beständig blüht und von alleine wiederkommt, wie die Sonne leuchtet und viele Insekten anzieht.

Rosen: Stehen für Liebe und für Schmerz – besonders ungefüllte Sorten bieten vielen Tieren Nektar und Pollen und später dann die Hagebutten. Auch Rosenblätter sind für Insekten gutes Futter.

Rosmarin: Insekten lieben die lila Blüten, er riecht gut und soll die Erinnerung symbolisieren.

Salbei: heilkräftig und duftend, besonders der Echte Salbei – der mehrjährig und in unseren Breiten gut frosthart ist und über den Winter immergrün die Stellung hält.

Taubnesseln: Galten im Mittelalter als Pflanzen Mariens – es gibt sie in Weiß, Gelb oder in Purpur; sie blühen teils sehr früh und teils bis in den Winter hinein. Wildbienen und Schmetterlingsraupen schätzen sie als Futterpflanzen.

Tulpen: Schön, vergänglich und ein Symbol für den Tod – auch im Garten oft vergänglich, aber gerade auf den Friedhöfen kommen sogenannte botanische Tulpen oder auch »Wild-Tulpen« genannte Arten gut klar und jedes Jahr wieder, die Weinbergtulpe zum Beispiel.

Veilchen: marienblau und Symbol für Demut und Bescheidenheit – mit Nektar und Samen für die Insektenwelt.

Hier ist es schon paradiesisch

- ***Friedhof Sankt Andreasberg, Braunlage:*** *klein, mitten im Harz und locker bestückt mit sehr individuellen Gräbern. Auch Totholz oder selbst gemachte Kunst werden als Grabmal verwendet. Verblühte Samenstände bleiben stehen und verbreiten ihren Zauber in der Abendsonne und im Morgentau. Nicht mehr oder noch nicht benutzte Gräber bepflanzt die Natur.*
- ***Neuer Friedhof Lingen:*** *Hier gibt es ökologisch bepflanzte Mustergräber samt Infotafeln und Flyer, mit dem man quasi wie mit einem Einkaufszettel in die Gärtnerei gehen und ein naturnahes Blumenpaket kaufen kann: Schafgarbe, Margerite, Glockenblume, Johanniskraut, Salbei oder Wilde Möhre stehen zum Beispiel darauf. Außerdem gibt es hier eine Wildblumenwiese, viele Vogelkästen und Nisthilfen für andere Tiere.*
- ***Evangelischer Friedhof Hattingen:*** *Die Zwischenflächen zwischen den einzelnen Gräbern sind absichtlich mit wilder Wiese bewachsen. Alte Grabsteine werden in einem als Museum bezeichneten Areal gesammelt. Die zum Teil seltenen Flechten und Moose können also weiter darauf wohnen bleiben.*
- ***Hambacher Friedhof, Neustadt an der Weinstraße:*** *sonnenbeschienen in der offenen Weinbaulandschaft gelegen, zu Füßen des Hambacher Schlosses, einem Kristallisationspunkt der deutschen Demokratie. Auf den Wegen zwischen den Gräbern liegt Kies, auch auf vielen Gräbern liegt Kies, auf manchen eine durchgehende Marmorplatte. Andere wiederum sind mit Lavendel und Thymian überschäumend bewachsen. Überall huschen Eidechsen hin und her, die Mischung aus Stein und Bewuchs scheint genau der perfekte Lebensraum zu sein.*
- ***Hauptfriedhof Braunschweig:*** *weitläufig und doch mitten in der Stadt, voller alter Gemäuer und noch älterer Bäume. Neben Bienenstöcken und Insektennisthilfen gibt es eine große Blumenwiese direkt neben der Kapelle.*

Wie schön ökologische Bepflanzungen aussehen, zeigen die Gräber auf dem Neuen Friedhof Lingen. Blumenwiesen gehören außerdem zum Friedhofskonzept. ▶

Grabsteine sind Lebensräume

Fast jedes Grab hat ein Grabmal. Welches Material, welche Größe, welche Dekoration – das regelt die Friedhofssatzung. Und auch der Zeitgeist spricht ein Wörtchen mit. So gibt es mal üppige Steine, groß und künstlerisch gestaltet, mal klein, natürlich, fast wie selbst gemacht. Auf manchen stehen Sprüche, auf manchen sind Bilder und Fotos, manche tragen nicht mehr als den Namen, woanders ist es eine Skulptur oder ein Kunstwerk aus Glas und Stahl oder ein bunter Regenbogen. Grabmäler erzählen Geschichten von Land und Leuten, von Gott und der Welt. Und je genauer man hinschaut, auch hinter die Grabmäler, desto mehr sieht man, wer und was sie als Lebensraum nutzt.

Auf Holzkreuzen wachsen Flechten und Algen, in manchen sind auch Bohrlöcher von Käfern zu sehen, nachgenutzt von Wildbienen. Eine Hornisse krabbelt rückwärts über das ergraute Holz, schabt sich

Geschützter Platz fürs Vogelnest auf dem Melatenfriedhof in Köln

Auf dem Sennefriedhof in Bielefeld lassen sich Flechten und Moosen erkunden

verwitterte Holzfasern von der Oberfläche. Das ergraute Holz enthält fast nur noch Zellulose, wie Papier. Zusammen mit ein bisschen Hornissenspucke ergibt das quasi Pappmaschee. Daraus kann sie dann ihr Nest bauen, irgendwo an einem Baumstamm, in einem Strauch, im Gebälk oder Gemäuer eines Mausoleums. Rollladenkästen besiedeln sie eher aus Not, hier auf dem Friedhof ist es viel schöner.

Die Grabsteine wiederum sind für Moose und Flechten ein Paradies, besonderes die unebenen und nicht geschliffenen Natursteine, in denen sich in den kleinen Ritzen und Löchern Wasser und ein bisschen organische Substanz sammeln kann. Wunderschöne Polster bedecken die Steine dann mit der Zeit. Wenn sich auf dem Moos Schnee oder Tau sammelt und die Sonne scheint, funkelt es wie Perlen. Insekten nutzen die Steine als Versteck und Sonnenplätzchen, viele Vogelarten sitzen gerne obendrauf und verkünden von dort, wo ihr Revier ist.

Sie fühlen sich hier wie im Paradies

Moose: Sie sind vor Hunderten Millionen Jahren direkt aus den Algen entstanden. Das erklärt auch, dass sie so »einfach« gebaut sind, altmodisch sozusagen, nicht komplex wie heutige Gräser, Blumen und Kräuter. Moose haben keine sogenannten Leitgefäße, die das Wasser transportieren können; sie nehmen es direkt durch die Blättchen auf. Und sie sind noch viel bescheidener als das sprichwörtliche »Veilchen im Moose« und wachsen überall dort, wo sonst nichts wachsen mag – auf Grabsteinen, Mauern, Holz oder Dächern.

Flechten wachsen sehr langsam, hier haben sie Zeit

Flechten: Etwa 2000 verschiedene Flechtenarten gibt es bei uns – und »Art« ist rein biologisch der falsche Begriff: Flechten sind Symbiosen, eine Lebensgemeinschaft aus zwei und mehr unterschiedlichen Organismen, die sich zusammentun und davon einen Vorteil haben. Eine Flechtenart wird dabei jeweils von einer bestimmten Alge und einem bestimmten Pilz gebildet. Manchmal auch von einem Cyanobakterium statt einer Alge und manchmal sind es zwei oder drei ganz unterschiedliche Pilze, statt nur einem. Flechten nutzen Pflanzen, Baumrinde und Steine lediglich als Wuchsort, zweigen keine Energie, Nährstoffe und Mineralien ab und tun auch dem Grabstein nichts.

Springspinnen: Spinnen sind keine Insekten, sie haben acht Beine, statt sechs, und nur zwei Körperteile, nicht drei – und nicht alle jagen per Netz. Gerade auf Steinen trifft man häufig Springspinnen, sie lieben es warm und sonnig. Am auffälligsten sind die schwarz-weiß gestreiften Zebraspringspinnen. Sie schleichen sich langsam an ihre Beute, Fliegen, Käfer, Mücken, heran und springen blitzschnell los – mit einem Spinnfaden als Sicherheitsleine, falls mal ein Sprung danebengehen sollte.

Feuerwanzen: Steine sind im noch kühlen Frühjahr oder schon kühlen Herbst Sonnenwärmeinseln. Oft sieht man dann jede Menge dieser roten Insekten mit den charakteristischen schwarzen Punkten auf den Vorderflügeln in Scharen und zuhauf dort durcheinander krabbeln. Sie wohnen gerne in Spalten am und im Boden, saugen vorwiegend an Blättchen und Samen.

So wird es noch paradiesischer

Pilze, Moose und Flechten mögen Natursteine am liebsten, besonders unbehandelt. Auf glatt polierter Fläche können sie schlecht Fuß fassen. Wen der grüne Bewuchs stört – zum Beispiel in der Inschrift –, sollte ihn nicht mit chemischen Vernichtungsmitteln entfernen, sondern mechanisch, mit einer Bürste.

Flechten und Moose wachsen langsam, einige Jahrzehnte sind gar nicht mal viel für diese altehrwürdigen Pflanzenwesen. Wird das Grab abgeräumt, der Stein zerklopft, sind sie dahin. Manche Friedhöfe stapeln deshalb die alten Steine abseits, um sie als Lebensraum zu erhalten; und man kann auch Patenschaften für alte Steine übernehmen, um sie in voller Pracht an Ort und Stelle zu bewahren. Auch eine nochmalige Nutzung als neues Grabmal ist denkbar; und wer Platz in seinem Garten hat, kann auch Steine dorthin umsiedeln.

Hier ist es schon paradiesisch

Sennefriedhof Bielefeld: ein Waldfriedhof voller Kiefern und Fichten in einer dort »Senne« genannten Heidelandschaft, ein wunderschöner Park, in dem es besonders viele Moose und Flechten zu sehen gibt.

- ***Inselfriedhof Helgoland:*** *ist umgeben mit einer halbhohen Mauer, an die Grabsteine gestapelt und gelehnt werden, die wegen Ablauf der Ruhefrist abgeräumt wurden. Wer schon einmal auf Helgoland ist, sollte zur Düne übersetzen und den Friedhof der Namenlosen besuchen. Er ist hauptsächlich gedacht für Opfer von Unglücken auf See.*
- ***Waldfriedhof Aachen:*** *Die Anfänge des Friedhofs gehen zurück auf die Zeiten der Pest und der Cholera, später wurden hier Kriegstote und ermordete KZ-Gefangene bestattet und erst nach dem Zweiten Weltkrieg wurde ein allgemeiner Friedhof daraus. Ein besonderer Ort des Gedenkens, aber auch der Natur. Das Alter und die Lage im Wald machen seine Grabsteine zu besonders vielfältigem Lebensraum für Moose und Flechten.*
- ***Johannisfriedhof Bielefeld:*** *mitten in der Stadt und gleichzeitig mitten im Teutoburger Wald. Frühere Bielefelder schmückten ihre Gräber mit aufwendigen Grabsteinen und schmiedeeisernen Verzierungen; die weniger Wohlhabenden pflanzten Bäume auf die Gräber. Dieser Friedhof bietet Grabstein-Patenschaften an.*
- ***Johannisfriedhof Nürnberg:*** *Grabsteine aus fünf Jahrhunderten stehen hier, der Friedhof steht deshalb unter Denkmalschutz.*
- ***Bogenhausener Friedhof, München:*** *heute in einem Stadtteil, früher in einem Dorf außerhalb der Stadt. Bestattungen gab es auf dem Areal wohl schon seit mehr als tausend Jahren, in den letzten Jahrzehnten wurde er beliebt bei Münchner VIPs als Platz für die Ewigkeit. Sehenswert sind auch die ortstypisch geschmiedeten Metallkreuze, von denen es mehr als Grabsteine gibt.*
- ***Wormbacher Friedhof, Schmallenberg im Sauerland:*** *kleiner Friedhof direkt um die Kirche gelegen. Irgendwann verfügte ein Pfarrer, es solle nur noch einfache Holzkreuze geben, statt um den dicksten und schönsten Grabstein zu wetteifern. Auch die Mauer ist sehenswert, alt und voller Moos und Farn, und in den feuchten Ecken unter den Linden kann man mit etwas Glück Feuersalamander sehen.*

 Auf dem Inselfriedhof Helgoland haben auch alte Grabsteine ihren Platz ▶

IHR NAMENLOSEN
IM WEISSEN SAND + DEN NORD-
SEEWOGEN UMBRANDEN
WIE KAMT IHR HIER AN DIESEN
STRAND + AUS WELCHEN FERNEN
LANDEN
IHR HATTET EUCH DEM
MEER VERTRAUT + ZUR HEIMAT
KEHRET IHR NIMMER
UM EUCH IST MANCHES HAUPT
ERGRAUT + VERSCHOLLEN SEID
IHR FÜR IMMER
UND FLOSS AUCH KEINE TRANE
HIER + ERTÖNTE KEIN TRAUER-
GESANG + STEHN DOCH IN
STUMMEN SCHAUERN WIR +
BEDRÜCKT IST DAS HERZ +
UND BANG'
DOCH RUHT IHR +
VIELLEICHT WAR HERBERES
LOS EUCH SONST NOCH AUF
ERDEN BESCHIEDEN + VOM
MEER UMTOST + IN DER DÜNE
SCHOSS + RUHT HEIMATLOS
ABER IN FRIEDEN

Gemeinsam statt einsam, gebettet unter Rosen

Ein Stück weiter liegt auf unserem Friedhof am Rande der Wiese ein großer Stein. Er markiert deutlich, dass sich dieses Stück blühender Natur von einer normalen Wiese unterscheidet. Am Stein liegen Blumen, einige Kerzen stehen da, Engelchen und andere Figuren sind um ihn herum drapiert. Am Stein eine große Plakette, auf der die Namen derer stehen, deren Urne hier begraben ist.

Gründe, sich für diese Bestattungsform zu entscheiden, gibt es viele, einer davon ist, dass es weniger kostet, andere, dass es weniger Zeit und Arbeit macht, als ein Grab zu pflegen. Manchmal schont es auch die Nerven, wenn man sich als Angehöriger weder an der engen Friedhofssatzung abarbeiten muss noch an der Verwandtschaft, die vielleicht ganz andere Vorstellungen hat. Was viele praktisch finden, halten andere wieder für zu pietätlos.

Gemeinschaftsgräber sind etwas persönlichere Alternativen zu Aschestreuflächen und deutlich günstigere zu den traditionellen individuell zu pflegenden Wahl- und Reihengräbern. Der Preis für den Platz einer Urne ist verhältnismäßig niedrig, um die Grabpflege kümmern sich nicht die jeweiligen Angehörigen, sondern jemand, der vom Organisator oder vom Friedhofsträger beauftragt wurde: Zum Beispiel gibt es Gemeinschaftsgräber von der Aidshilfe oder von Obdachlosenorganisationen, Fußballvereine haben Gemeinschaftsgräber und mancherorts wurden und werden auch alle kirchlichen Würdenträger einer Gemeinde nach und nach und gemeinsam in einer Grabstelle bestattet. Mehr und mehr bieten auch viele Friedhöfe Gemeinschaftsgräber für alle an – und sie werden gerne genutzt. Die Grabstellen sind preiswert, weil der Platz pro Person sehr klein ist; gleichzeitig sind sie oft sehr schön gestaltet, weil die Pflege professionell erledigt wird. Das kommt sowieso vielen sehr recht, die ihren Angehörigen keine Grabpflege zumuten wollen oder können. Ein kleines Schild zeigt meist den Namen der Bestatteten an.

Auch Baumgräber sind oft Gemeinschaftsgräber. In Bestattungsforsten ist das die einzige Grabart, auf vielen Friedhöfen eine Möglichkeit von mehreren.

Auf unserem Friedhof sind die Gemeinschaftsgräber links und rechts des Weges angelegt. Die Auswahl ist groß, es gibt alles, was man sich wünschen kann, vor allem als Blumen- und Naturfreund: Es gibt Grabstellen im Rosenhügel und im Gräsermeer, es gibt Kräuterhochbeete und einen Heidegarten, Gräber voller Bauernblumen und ein großes Beet mit Schmetterlingsblumen.

Schmetterlingsfreundliche Grabflächen locken Bläulinge (Fotos oben links und gegenüberliegende Seite), Tagpfauenauge (Foto oben rechts) und Admiral (Foto unten) an

Sie fühlen sich hier wie im Paradies

Schmetterlinge, diese leichtflügelig flatternden, bunten Wesen sollen die zum Himmel hochfliegenden Seelen symbolisieren – wenn sie denn Schmetterlinge sind. Denn das ist ja nur die letzte Station eines langen Lebens voller Verwandlungen. Am Anfang steht das Ei, aus ihm entwickelt sich die Raupe und dann erst kommt das Wunder der Metamorphose, ein Zeichen für Wiedergeburt und Unsterblichkeit.

Zitronenfalter: Kaum scheint die Sonne, gaukeln sie durch die Luft, manchmal schon im Februar. Sie überwintern in freier Natur, selbst bei Schnee und Eis hocken sie einfach im Gebüsch und lassen sich sogar einschneien. Salze in seiner Körperflüssigkeit verhindern, dass es zu Eis wird. Darf Faulbaum oder Kreuzdorn auf dem Friedhofsgelände wachsen, finden seine Raupen Futter.

Admiral: kommt im Frühling aus dem Süden und legt Eier bevorzugt auf Brennnesseln ab. Die neuen Schmetterlinge ziehen im Herbst wieder ans Mittelmeer; solange das Wetter warm ist, sind sie aber auch spät im Jahr noch hier bei uns zu sehen.

Distelfalter: Ihre Raupen fressen am liebsten Disteln. Sie überwintern in Afrika und fliegen im Frühjahr wieder nach Norden, bis zum Mittelmeer und dann weiter bis nach Skandinavien, nicht einer am Stück, sondern etappenweise: Sie legen unterwegs Eier und die nächsten Generationen fliegen weiter. Im Juli im hohen Norden dreht sich dieser Etappenlauf dann um.

Bläuling: viele Arten, die sich alle ähneln und auch von Fachleuten nicht im Vorbeifliegen zu bestimmen sind. Von außen sind sie ockerbraun mit Flecken und woher sie ihren Namen haben, sieht man erst, wenn sie die Flügel aufklappen. Dort sind sie nämlich blau. Damit sie je nach Art und Standort passendes Futter finden, sollten heimische Wildpflanzen wie Hufeisenklee, Hornklee oder Disteln auf dem Friedhof blühen dürfen.

Tagpfauenauge: flattert auch spät im Herbst noch durchs Beet, besonders wenn Herbstastern ihren Nektar anzubieten haben. Der Name stammt von dem bunten Fleck auf jedem aufgeklappten Flügel, der mit etwas Fantasie wie ein Auge aussieht.

Kleines Nachtpfauenauge: außer dem Namen besteht keine Verwechslungsgefahr mit dem Tagpfauenauge. Dieser hier ist ein braungrauer Nachtfalter. Auch er hat Augenflecken auf den Flügeln und lange Wimpern an den Fühlern. Rosen, Wiesensalbei und Heidekraut sind bei seinen Raupen als Futterpflanzen beliebt.

Grauer Zwergspanner: ein kleiner Nachtfalter, der es gerne warm hat. Tagsüber sitzt er mit aufgespannten Flügeln an hellen Mauern oder auf Grabsteinen, schläft und sonnt sich dabei.

Rotes Ordensband: Ein eher seltener Falter, den man aber in naturnahen offenen Landschaften wie auf einem Friedhof antreffen kann, wenn Weiden oder Pappeln in der Nähe sind. Seine Flügelspannweite ist groß, sein Name kommt von den schwarzen Hinterflügeln, die rot gebändert sind.

Taubenschwänzchen: Wenn dieser Falter im Schwirrflug vor den Grabblumen wie Lavendel oder Phlox herumtanzt, dann sieht er ein bisschen wie ein Kolibri aus. Der dicke Schwanz könnte der Bürzel sein, der Rüssel, mit dem er nach dem Nektar stochert, der Schnabel. Taubenschwänzchen sind Nachtfalter, aber auch schon tagsüber unterwegs.

Ohne Raupen keine Schmetterlinge, auch sie brauchen Futter!

So wird es noch paradiesischer

Im Gemeinschafts-Rosenbeet ist nicht nur Optik wichtig: Wildrosen, Kletterrosen und auch Bodendeckerrosen blühen lange und reichlich. Sie bilden Hagebutten, darüber freuen sich dann im Winter die Vögel und schon im Herbst Haselmäuse und Siebenschläfer. Gleiches gilt für Gemeinschaftsanlagen, auf denen Bauerngartenstauden blühen: üppige Pompons und andere bunt gezüchtete Stars im Staudenbeet sind schön, für die meisten bestäubenden Tiere aber total unattraktiv. Bei gefüllten Blütenköpfen sind die fruchtbaren Staubblätter zu schönen, aber sterilen Kronblättern umgezüchtet, fruchtbare Röhrenblüten zu sterilen Zungenblüten. Da ist nicht viel an Nektar und Pollen zu holen und selbst wenn, dann kommen viele Insekten, vor allem die pummeligen Hummeln, durch die üppigen Pompons nicht durch und dran.

Bei den Schmetterlingsblumen das Raupenfutter nicht vergessen: Anders als die schillernden Flatterwesen stehen die Raupen nicht auf süße Flüssignahrung, sondern auf handfestes Blattgrün von Brennnesseln und Disteln, Klee, Wegwarte, Wildrosen und Kräutern wie Minze, Melisse, Borretsch und Schnittlauch.

Hier ist es schon paradiesisch

- ***Friedhof Friedenshügel, Flensburg:*** *ein alter Landschaftspark mit vielen neuen Gemeinschaftsgräbern. Es gibt ein Rosarium, einen Ginkgo-Garten, ein Mediterraneum mit Kräutern, Gräsern und warmen Terrakottasteinen.*
- ***Friedweinberg Nordheim:*** *Schön ist es auf der Weininsel an der Mainschleife so oder so, jetzt kann man bis in alle Ewigkeit bleiben, wenn man möchte. Bestattet auf einem Weinberg unter Rebstöcken.*
- ***Friedhof Eutin:*** *Neben Rasengrab, Ginkgo-Garten und Staudenbeet hat dieser Friedhof als Gemeinschaftsgrab auch Schmetterlingsgräber im Angebot. Umrahmt von altehrwürdigen Linden wachsen hier Lavendel, Katzenminze, Beinwell, Kugeldistel, Phlox und andere Arten, die besonders bei Schmetterlingen beliebt sind.*
- ***Friedgarten Mitteldeutschland, Kabelsketal:*** *nicht als Wald oder als Friedhof, sondern wirklich als Garten konzipiert. Alle Gräber und Gräberfelder sind in die Gesamtanlage integriert, die Gemeinschaftsgräber wie der Wiesengrund oder die Gräber unter dem Amberbaum sind mit Natursteinen gefasst, alles fließt und ist doch eins.*
- ***Friedhof Chorweiler, Köln:*** *Unter anderem gibt es hier im Heidegarten die Möglichkeit, sich unter Wacholder, Kiefern, Birken, Ginster und Rhododendren bestatten zu lassen. Die Grabmäler sind Findlinge und im Frühjahr blühen Schneeglöckchen und Wildnarzissen.*

Sag mir, wo die Gräber sind, Blumen wehen im Sommerwind …

Auf der großen Lichtung unseres Friedhofs steht ein hoher Gedenkstein. Um ihn herum, im kurzen Gras, stehen Reihen von kleinen Steinkreuzen, eins neben dem anderen. Auch das eingemeißelte Todesdatum ist oft dasselbe, nur die Namen unterscheiden sich. Hier sind die Opfer der Kriege bestattet: Soldaten, Zivilisten, Ermordete der Konzentrationslager oder Zwangsarbeiter. Solche Ehrengräber haben laut Gesetz ein ewiges Ruherecht. Oft ist die Schrift so verwittert, dass man sie nicht mehr lesen kann. In manchen Ziffern und Buchstaben wachsen Moos und Flechten. Für uns Menschen ein Anblick, bei dem man sich wie im Liedtext »Sag mir, wo die Blumen sind« fragt: Wann wird man je verstehen?

Für viele Tiere dagegen ist eine solche Kriegsgräberstätte ein lichtes Gräsermeer voller Futter und warmer Steininseln.

Sie fühlen sich hier wie im Paradies

Heuschrecken, Grashüpfer, Grillen: Die einzelnen Arten sind oft schwierig zu unterscheiden. Praktikabel ist die Unterscheidung zwischen Langfühlerschrecken und Kurzfühlerschrecken. Die Fühler der Langfühlerschrecken sind enorm lang, oft länger als der ganze restliche Körper, dazu gehören die Grillen und die Laubheuschreckenarten, zum Beispiel das Große Grüne Heupferd. Bei den Kurzfühlerschrecken dagegen sind die Fühler höchstens halb so lang wie der Heuschreckenkörper. Zu ihnen zählen die vielen Arten Grashüpfer, klein, braun, grün die meisten.

Eine markante Art, die man auf großen Friedhöfen treffen kann, ist die **Blauflügelige Ödlandschrecke.** Sie sitzt unscheinbar am kurz geschorenen Boden, geht eher, als dass sie hüpft, und fliegt erst im letzten Moment davon – und zeigt, woher ihr Name kommt. Braucht offene, sandige Stellen zur Eiablage. Ebenfalls im Gräsermeer ein Refugium hat die **Maulwurfsgrille:** Sie lebt, brütet und jagt direkt unter der Bodenoberfläche. Dabei gehen schon mal ein paar Graswurzeln zu Bruch, was

Gräser und Wildpflanzen sind zwischen den Grabsteinen ein tröstender Anblick

sie bei Ziergärtnern auf die Todesliste gebracht hat. Dementsprechend selten ist sie, auch weil ihre Lebensräume immer seltener werden. Häufig zu treffen sind der olivfarbene **Gemeine Grashüpfer,** der braune **Feldgrashüpfer** oder die grasgrüne **Punktierte Zartschrecke,** sie mag Margeriten und Löwenzahn und andere Wiesenblumen. Anders als viele andere Insekten sind Heuschrecken übrigens nur Halbumwandler. Sie verpuppen sich nicht auf dem Weg zum fertigen Erwachsenen. Sind die kleinen Larven aus dem Ei geschlüpft, wachsen sie einfach nur noch weiter und häuten sich regelmäßig. Ihr Aussehen ähnelt dabei schon sehr dem, was sie mal werden sollen. Nur die Flügel fehlen noch.

Spinnen: In alten Geschichten sind Spinnen wie weise Frauen, die Weberinnen der Zeit, der Schicksalsfäden – und deshalb passen Spinnen und Friedhöfe gut zusammen. Auch ökologisch betrachtet. Hier in all der kleinräumigen Vielfalt finden viele Spinnenarten ihren passenden Lebensraum. Und Spinnennetze im Morgentau oder im Herbstnebel auf dem Friedhof sind ein erhebender Anblick. Dabei sind die namensgebenden Netze so unterschiedlich wie ihre Erbauerinnen. Es gibt Baldachinspinnen, Trichterspinnen wie die Labyrinthspinnen oder Kugelspinnen, die ihre Netze in mehreren locker fluffigen Decken und Schichten übereinander weben. Kleine Wunder des Lebens. Und: des Sterbens. Denn dafür sind sie konzipiert, ganz knallhart als Todesfalle. Spinnen bauen Netze ausschließlich, um darin Insekten zu fangen, am liebsten direkt in deren Flug- oder Landebahn oder entlang von Krabbelrouten. Ihre Wohnung haben sie abseits in kleinen Spalten im Stein, in Löchern im Boden oder im Dickicht der Pflanzen. So manche Spinnenart jagt auch ohne Netz, auch sie finden im Lebensraum Friedhof alles, was

sie brauchen. Nahrung vor allem. Mit ein paar Mücken kommen vor allem große Spinnen wie die bekannte Gartenkreuzspinne und ihre kleineren und größeren, aber öffentlichkeitsscheuen Verwandten und auch die Wespenspinne nicht übers Jahr. Bienen, Wespen, Heupferde oder Schmetterlinge gehören zur Jagdstrecke – und die gibt es auf vielen Friedhöfen reichlich.

Feldlerche: Ein Allerweltsvogel war die Lerche mal, brütete auf Wiesen und Feldern, sammelte Blättchen und Samen, kleine Schnecken und Würmer, Spinnen und andere Krabbeltiere des Bodens. Auch ihr Nest baut sie direkt am Boden. Diese Kulturlandschaft gibt es kaum noch. Große Maisfelder und fette Weiden ziehen sich eintönig bis zum Horizont, Insekten sterben oft wegen der intensiven Behandlung der Nutzflächen mit Dünger und chemischen Vernichtungsmitteln. Auf großen Friedhöfen, auf lichten und ruhigen Flächen wie eben den Graslandschaften der Kriegsgräberstätten finden sie noch ihre Refugien.

So wird es noch paradiesischer

Damit die Tiere das lichte Gräsermeer und die warmen Inseln aus Stein auch nutzen können, sprich, damit hier Tiere leben können, ist es wichtig, dass die Fläche zwischen den Grabsteinen nicht als intensiv gemähter, gedüngter und gespritzter artenarmer Zierrasen angelegt wird. Je artenreicher der Rasen zwischen den Steinen, desto besser und desto mehr Bodenlebewesen und Insekten leben dort. Allerdings sind die Kreuze oft eher niedrig und sie sollen nicht im Gräsermeer versinken, dementsprechend häufiger wird gemäht. An den Rändern der Ehrengrabstätte sollten aber Säume hoch wachsen und auch stehen bleiben dürfen, die den Tieren dauerhaft als Refugium erhalten bleiben.

◀ Soldatenfriedhöfe als Rückzugsorte für Moose, Flechten und die heimische Tier- und Pflanzenwelt: So kann der Sinnlosigkeit zumindest ein bisschen Sinnhaftigkeit entgegengestellt werden

Hier ist es schon paradiesisch

- ***Westfriedhof Magdeburg:*** *Auf dem größten Friedhof der Stadt gibt es viele verschiedene Ehrenfelder und Gedenkstätten, außer denen für Kriegstote auch Gräber und Gedenkstätten für Opfer der Gewalttaten des Faschismus. Die einzelnen Felder sind, mit Büschen und Sträuchern umgrenzt, kleine Gräserinseln in der Gesamtanlage. Die ältesten Flächen stammen aus dem Ersten Weltkrieg, die Steinmale sind alt und fast bis zur Unleserlichkeit eingewachsen und verwittert.*
- ***Ehrenfriedhof Heidelberg:*** *Oberhalb der Stadt liegen der Bergfriedhof und noch ein Stück darüber dieser Ehrenfriedhof, der in den 1930er-Jahren nach damaliger Ideologie für die Heidelberger Weltkriegstoten geplant und angelegt wurde. Das merkt man ihm auch heute noch an, das leichte Unbehagen deswegen ändert aber nichts am Naturerlebnis: Hunderte Bäume sind zum Wald geworden, die Büsche blühen, zwischen den roten Sandsteinkreuzen wachsen Gräser und Wildkräuter. Und man hat einen schönen Blick in die Ebene.*
- ***Soldatenfriedhof Obermarchtal:*** *Eingerahmt von niedrigen Hecken und überkront von alten, mächtigen Bäumen, liegt dieser kleine Friedhof mitten in der Landschaft am Waldrand entlang von Wanderwegen. Schon lange bevor er als Soldatenfriedhof genutzt wurde, wurden hier Reisende, Bettler und andere Nicht-Obermarchtaler, die aber in Obermarchtal gestorben sind, auf dem »Friedhof der Fremden«, wie er einst hieß, bestattet.*

Früh blühende Arten wie die Traubenhyazinthen sind begehrtes Insektenfutter, wenn sonst noch nicht viel blüht ▶

Leere Gräber voller Leben

In manchen Städten wurden Friedhöfe in Parks umgewandelt oder werden nur noch als Denkmal gepflegt, manchmal sind sie sogar zum Naturschutzgebiet erklärt worden. Sie werden nicht mehr als Begräbnisstätte genutzt, das nennt man »aufgelassen«. Aber auch auf jedem noch in Betrieb befindlichen Friedhof gibt es Bereiche, die nicht genutzt werden. Noch nicht, weil sie auf Zuwachs geplant wurden. Nicht mehr, weil der Zuwachs im geplanten Maße ausblieb, weil weniger Menschen sterben oder weil sich nun viel mehr Menschen für eine Feuerbestattung entscheiden. Das kann eine große Fläche am Stück sein, ein komplett ungenutztes Gräberfeld. Oder nur ein einzelnes Grab inmitten anderer, dessen Ruhefrist abgelaufen ist und das bislang noch keinen Nachnutzer gefunden hat.

Auf unserem Friedhof bleiben diese nicht mehr genutzten Gräber wie sie sind, es gibt keine Schilder, die Angehörige ermahnen, sie mögen sich bitte melden. Sondern: Der Grabstein darf stehen bleiben und umkippen, solange er niemanden gefährdet, der Efeu wächst raumgreifend drüber, Disteln aller Art blühen um die Wette und manche Gräber stehen auch voll mit Brennnesseln.

Größere Flächen sind Bestattungen gewidmet, die anderen Riten folgen als den westlich-christlich geprägten. Jesidische Gräberfelder sieht man hier, jüdische, muslimische, hinduistische, katholisch-orthodoxe. Diese Vielfalt, im grünen Rahmen des Friedhofsbewuchses, wirkt so gleichzeitig sehr einheitlich und würdevoll.

Freiflächen sind mit Sträuchern bepflanzt, Insektennisthilfen stehen hier, sogar Bienenkörbe, und drum herum sind Blumen eingesät.

Zwischen wogenden Gräsern blühen Kornblumen und knallroter Mohn, Königskerzen, Kamille und Schafgarbe, Margeriten und Malven. Schmetterlinge gaukeln von Blüte zu Blüte, Hummeln und Bienen schwirren umher, ebenso Schwebfliegen. Eine Krautschicht tiefer krabbeln Spinnen und Käfer und Ameisen, und auch Kröten und Frösche

Freiflächen werden zu Blumenwiesen: auf dem Neuen Friedhof in Lingen

leben unter diesem dichten Dach aus Blumen, Gräsern und wilden Kräutern. Auf großen Friedhöfen brüten durchaus auch Vögel in der Wiese oder es gibt sogar Feldhäschen, die in ihrer Grube auf die Mutter warten, die ab und zu vorbeikommt. All das braucht viel weniger Arbeit als gestutzte Eibenhecken und Zierrasen. Auf buntes Leben und Natur zu setzen, rechnet sich auch für die Friedhofsträger. Und: Solche Bilder sind Nahrung für die Seele, sie bleiben im Herzen, auch wenn man in Trauer ist. Und bieten gerade in Städten einen Grund mehr, einen Friedhof zu besuchen, zu schätzen, zu nutzen und auch nach der eigentlichen Nutzung zu erhalten.

Sie fühlen sich hier wie im Paradies

Wildbienen: Unter diesem Oberbegriff versammeln sich so unterschiedliche Arten wie Hummeln oder Blauschwarze Holzbienen, Blattschneiderbienen oder schwarzgrau bepelzte Sandbienen. Ein gar nicht mal kleiner Teil von ihnen ist monolektisch, das heißt, sie fliegen nicht wahllos Blüten an, um Pollen zu sammeln, sondern sind auf einige wenige oder sogar nur eine einzige Art spezialisiert, die sie oft auch im Namen tragen. Mohn-Mauerbiene, Ehrenpreis-Sandbiene, Knautien-Sandbiene. Je größer die Fläche, desto höher die Chance, dass dort auch das einzig mögliche Lieblingsessen dieser Spezialistinnen wächst. Eine andere hochspezialisierte Wildbienenart ist die Zaunrüben-Sandbiene, die – wie der Name schon sagt – sich und ihren Nachwuchs ausschließlich von Zaunrübenblüten ernährt. Ein Grund also, das giftige Kraut stehen zu lassen, wenn es nicht direkt stört. Und wen sollte es hier am Rand der Wiese auf einem aufgelassenen Teil des Friedhofs stören?

Schwebfliegen: Sie sind eine große Gruppe, einige nutzen die Optik großer stechender Verwandten als Schutz. Sie sehen aus wie Wespen oder Hornissen, stechen aber nicht, sondern tun nur so, als könnten sie es. Schwebfliegen ernähren sich von Nektar und Pollen, sie sind ebenfalls wichtige Bestäuber-Insekten. Ihre Larven sind Räuber, Parasiten, Aas- und Abfallfresser und deshalb ebenfalls unsere Verbündeten.

Weberknechte: Schneider, Schuster, Kanker, Opa Langbein und Zimmermann genannt – sind Spinnentiere, mit denen man sich wohlfühlen kann. Filigran gebaut und eher bescheiden sind sie in der lockeren Krautschicht unterwegs. Unter den Weberknechten gibt es viele Arten, kleine, große, manche fressen sogar Schnecken, andere grasen wie auf einer Weide mikroskopisch kleine Tiere von der Gartenvegetation. Die Intensivierung der Forstwirtschaft und der Landwirtschaft lässt ihnen

Traumhaft schön blühen Scillablüten auf dem Lindener Berg ▶

immer weniger Raum für ihren geruhsamen Lebenswandel. Hier auf dem Friedhof fühlen sie sich wohl.

Wühlmäuse: Natürlich treiben die possierlichen Nager auf solch locker-lichten Wiesen ihr – wie man landläufig so sagt – Unwesen. Aber hier finden sie ein so reichhaltiges Pflanzenbüfett, dass ihre Mahlzeiten zu keinen großen Schäden führen, wie sonst manchmal im Garten. Und: Ist es ein bisschen unordentlich und voller Wildwuchs, fressen sich die Mäuse durchaus auch an Wildkräutern satt, bevor sie den Grabpflanzen die Wurzeln abbeißen.

Maulwürfe: das beste Gegenmittel gegen Wühlmäuse. Denn Maulwürfe überfallen die Mäusenester und töten die Jungen. Maulwürfe stehen unter Schutz, es ist also verboten, sie zu stören, zu verjagen, gar zu töten. Warum auch: Mit seinen Gängen und Röhren lockert er den Boden und gräbt natürliche Drainagen gegen Staunässe. Maulwurfserde ist zudem perfekte Erde zum Pflanzen, locker humos und unkrautfrei – und völlig ökologisch.

So wird es noch paradiesischer

Ob Wiese oder Wildwuchs: Ab und zu muss gemäht werden, das sollte aber nicht nach Dienstplan und dann komplett passieren, sondern parzellenartig, streifenweise – man kann auch schön geschlungene Trampelpfad-Muster mähen. So bleiben den Tieren immer genügend Bereiche zum Wohnen und auch die Mahd selbst wird kein Todeskommando. Wird von außen nach innen gemäht, flüchten die Tiere immer wieder in den Schutz der Vegetation, bis dann alle im allerletzten Stück in der Mitte der Wiese hocken. Von innen nach außen zu mähen, lässt ihnen die Möglichkeit, zu fliehen und sich in den Rändern zu verstecken. Nicht zu niedrig mähen, dann können sich Frösche und Insekten wegducken.

Auch die Zwischenflächen neben jedem einzelnen Grab sind wertvoll. Je nachdem, ob und was dort wachsen darf. Vieles kommt ja von alleine, auch wenn dort mit Sand, Mulch oder Kies ein Weg angelegt ist. Wer ein Mindestmaß an Kontrolle haben möchte, sät Blumen oder lässt

Scilla und Buschwindröschen läuten den Frühling ein

die Grabbepflanzung sich ausdehnen. Früher strengstens verboten als Unordnung und pietätlos, lassen viele Friedhofsträger das mittlerweile gewähren. Oder gestalten es auch aktiv so, scheinbare Vernachlässigung ist so ökologischer Fortschritt. Statt gefegtem Sand und geharktem Kies darf Kleinkraut darin wachsen oder wird sogar angesät. Auch ein Kräuterrasen als Zwischenfläche ist artenreich.

Hier ist es schon paradiesisch

- ***Neuer St. Jacobi Friedhof Berlin:*** *Auf dem ehemaligen Friedhofsgelände ist ein zweiter Standort der Prinzessinnengärten entstanden. Das Gartenkollektiv und die Neuköllner Bewohner nutzen nun diese »historisch gewachsenen urbanen Grünräume« für ihr noch ganz junges Urban Gardening. Eine grüne Oase mit viel Platz für Begegnung und Naturerlebnis.*
- ***Stadtteilfriedhof Lindener Berg, Hannover:*** *1862 angelegt und heute nur noch Denkmal und Stadtpark. Im Frühling verwandeln ihn unzählbar viele Scillablüten in ein blaues Wunderland.*
- ***Friedhof Marl-Hamm:*** *ein ganz normaler kleiner Stadtteilfriedhof, der auf den sogenannten Überhangsflächen Blumenwiesensamen ausgesät hat und nun in den Sommermonaten mit Schafgarbe, Margerite, Lichtnelken und Flockenblumen nur so strahlt.*
- ***Waldfriedhof Würzburg:*** *Besonders im Frühjahr eine Pracht, denn dann sind die gesamten Freiflächen malerisch mit Buschwindröschen überzogen.*
- ***Nordfriedhof Kiel:*** *ein Parkfriedhof voller Rosen, Sträucher und Stauden. Auf dem großen Areal gibt es nicht nur einen Marinesoldatenfriedhof, sondern auch offene Flächen, auf denen sich viele Vögel gut beobachten lassen. Manchmal kommen sogar die Austernfischer vorbei.*

Hohe Bäume sorgen im Neuen Friedhof Lingen für Parkatmosphäre. Vogel- und Fledermauskästen laden die Tierwelt zum Bleiben ein.

Unter allen Wipfeln ist Ruh'

Auch auf unserem Friedhof schauen wir hoch zu den Wipfeln der Bäume. Mächtige alte Linden, hohe Eichen, breite Buchen und schlanke Kiefern stehen hier. Standen schon, als noch keine Toten hier bestattet wurden. Die Friedhofsplaner haben Wege angelegt und daran entlang noch mehr Bäume gepflanzt, Alleen von Kastanien, Pappeln und buntem Ahorn. Auch Gingkos gibt es, Lärchen und Hängebirken und Trauerweiden. Die Wege sind weich bedeckt von Nadeln und Laub, nicht nur im Herbst, aber dann besonders. Überall im Blätterdach raschelt es und piepst und tschilpt und tiriliert. Sogar ein Kuckuck ist zu hören. Der ist selten geworden, in unserer aufgeräumten Kulturlandschaft findet er zu wenige potenzielle Kuckucksnester und zu wenig von seinem Lieblingsfutter Großinsekten: Heuschrecken, Maikäfer, Schmetterlinge, auch sie werden immer seltener. Außer hier auf dem Friedhof. Auch Fledermäuse lieben alte Bäume, denn nicht alle Arten mögen Mausoleen und Steinhöhlen zum Brüten. Und auch sie brauchen Nahrung, große Arten mehr als nur Mücken, sondern auch Nachtfalter und dicke Käfer. An manchen der alten Baumriesen wachsen fantasievoll aussehende Pilze, andere sind über und über von Efeu bedeckt oder mit Waldreben bewachsen. Zu ihren Füßen entrollen Farne Wedel um Wedel. In all diesem Dickicht fühlen sich gleich noch mehr Tiere wohl, vom Efeuglanzkäfer bis zum Rotkehlchen.

So alt wie Laubbäume werden können und wie sie jedes Jahr neu beginnen und im Herbst dann wieder vergehen, stehen sie mehr als andere Pflanzen für den Kreislauf des Lebens. An manchen Bäumen hängen kleine Plaketten mit Nummern und Namen und Windlichter, Blumenkränze, Herzen aus Holz. Seit einigen Jahren werden die Plätze unter diesen Bäumen auch als Gräber genutzt.

Aus der anfangs misstrauischen Konkurrenz mit den Bestattungsforsten haben viele Friedhofsverwaltungen eine Tugend gemacht. Bäume sind nicht nur Gestaltungsobjekt und spenden Schatten, Trost und Lebensraum für Tiere – sondern man kann mit ihnen auch noch Geld verdienen. Die alten Baumbestände werden zu Standorten für Gräber, neue werden stetig gepflanzt.

Die Flächen rund um die Baumgräber behalten ihren naturnahen Charakter bei

Bestattung unter alten Bäumen oder auf einer Streuobstwiese? Möglich ist das auf dem Friedhof in Bremen (Foto links) und in Dortmund-Kemminghausen (Foto rechts).

Am Ende der Allee mit den Baumgräbern ist wieder die Friedhofsmauer zu sehen. Das Ende. Aber nicht ganz, denn in die Friedhofsmauer ist ein kleines Tor neu eingebaut und dahinter öffnet sich eine Wiese voller Malven, Gänseblümchen und Klee, eine Wiese voller Obstbäume. Eine alte Streuobstwiese in der Nachbarschaft wurde ins Friedhofsgelände integriert. Knorrige Äpfel, Birnen, Zwetschen und Kirschen sind neu gemischt mit Haselsträuchern, Quitten, Mispeln, sogar ein paar Aprikosenbäume stehen hier. Streuobstwiesen sind artenreiche Kulturlandschaften. Aber die Bewirtschaftung lohnt heute nicht mehr. Alles geht nur per Hand und viele der alten Obstsorten lassen sich kaum vermarkten. Auch ehrenamtlich ist das kaum zu leisten. Jetzt bringt die Wiese das Geld für die Pflege nicht mehr durch die Ernte ein, das Obst darf nehmen, wer will, und einen guten Teil nehmen auch die Tiere. All das wird durch die Grabnutzungsgebühren finanziert.

Dass jeder Baum ein Grabplatz für mehrere Urnen ist, lassen Plaketten erkennen sowie die Windlichter, Engel und Vogelhäuschen als vielfältiger Schmuck. Zu Füßen der Bäume wachsen Sommerblumen. Wer ein Grab auf der Streuobstwiese besucht, muss keine Blumen mitbringen. Sondern kann stattdessen vielleicht sogar mit einem kleinen Sträußchen nach Hause gehen. Oder mit ein, zwei Äpfeln oder einer Hand voll Kirschen.

Manche Friedhöfe nennen diese besonderen Gräber auch Ribbeckscher Garten, inspiriert von Theodor Fontanes Gedicht über den Herrn von Ribbeck auf Ribbeck im Havelland.

Eine Bank unter dem Birnbaum ist ein guter Ort, den Rundgang zu beenden. Und noch mal mit allen Sinnen zu erleben, dass Friedhöfe besondere Orte sind. Jetzt, wenn ich das hier schreibe, ist es Herbst, wie in Fontanes Gedicht. Die Blätter sind bunt, die Früchte leuchten. Im Winter glitzert der Frost auf der Wiese, wenn die Sonne durch die kahlen Zweige scheint. Dann wird es wieder Frühling, die Kirschblüten werden leuchten und Bienen, Hummeln und Schmetterlinge anziehen. Die Bank unterm Birnbaum ist ein guter Ort, um all das zu genießen. Und um noch ein bisschen nachzudenken.

Sie fühlen sich hier wie im Paradies

Meisen: Blaumeisen sind häufige Vögel, aber sehr revierbewusst. In einem normalen Garten bekommt man nicht viel mehr als ein, zwei Exemplare unter, egal, wie viele Nistkästen hier hängen und wie viele Futterknödel. Auf dem Friedhof haben sie Platz. Und reichlich Meisen-Gesellschaft, denn es gibt jede Menge Arten: lustige Haubenmeisen, Höhlenmeisen, zierliche Schwanzmeisen, große Kohlmeisen, minikleinen Tannenmeise, Weidenmeisen, Fichtenmeisen.

Marienkäfer: gelten als Glückssymbol. Lichte Baumbestände mit Wiesen und Sträuchern und besonders Streuobstwiesen sind für sie ein Paradies. Oft sieht man Eier, Larven, Puppen und erwachsene Tiere auf einer einzigen Grabstelle. Nicht alle fressen nämlich am liebsten Blattläuse wie der Siebenpunkt oder der ewig hungrige Harlekin-Marienkäfer, der bei Nahrungsknappheit auch mal auf Raupen oder Marienkäferlarven umstellt. Bei uns leben rund 70 verschiedene Arten, manche knuspern lieber Mehltaupilze von den Blättern, so der 22-Punkt oder der 16-Fleck. Der 24-Punkt dagegen mag Blätter von Nelken und Leimkräutern.

Spechte: Wo Bäume sind, sind Spechte, Buntspechte sieht man auch in der Stadt überall. Andere Arten sind seltener, aber auf Friedhöfen durchaus anzutreffen, zum Beispiel der Mittelspecht oder der Kleinspecht, sie sehen dem Buntspecht ähnlich, sind aber etwas beziehungsweise

deutlich kleiner. Oder der rotschopfige, krähengroße Schwarzspecht, der Grauspecht oder der eher unscheinbar aussehende Wendehals. Sie alle finden hier genug zu fressen, was neben den Brutplätzen ja auch wichtig ist. Spechte picken gerne Ameisen und sammeln anderes Kleinvieh, das in der lichten Krautschicht reichlich zu holen ist.

Hirschkäfer: Die imposanten Tiere sind eher anspruchslos, nur für ihre Eier muss es der perfekte Platz sein. Am liebsten moderndes Laubbaumholz mit Erdkontakt. Das ist die Nahrung der Larven, die fressen und fressen, kaum dass sie geschlüpft sind. Und das bis zu sieben Jahre lang, bis sie zum fertigen Käfer geworden sind. Ein Geweih tragen nur die Männer und natürlich ist es gar kein Geweih, sondern es sind ihre repräsentativ groß geformten Mandibeln.

Bockkäfer: heißen so, weil sie ihre langen Fühler nach hinten gebogen tragen, wie ein Steinbock. Viele Arten ernähren sich vegetarisch von Pollen, Blütenblättchen oder Baumsäften, aber es gibt auch Holzzersetzer unter ihnen, vor allem bei den Larven. Für jede Zersetzungsphase des Holzes die richtige Art.

Eichhörnchen: die Affen unserer Wälder, so nannte man sie früher, weil sie so niedlich und possierlich sind, mit dem puscheligen Schwanz und den kleinen Haarbüscheln an den Ohren. Den flinken Flitzern kann man beim Toben und Klettern stundenlang zuschauen. Im Herbst ist die beste Zeit dazu, weil sie da auf Vorratssuche für den Winter sind. Ihre Nester, die Kobel, bauen sie gerne in Büsche und Bäumen und die haben sie hier auf dem Friedhof reichlich. Nahrung ebenso.

Uhu: die größte Eulenart und sehr, sehr selten. Aber wo er seine Ruhe hat wie hier und eine dichte Ecke im Gebüsch und oder einen Platz in einem alten Gemäuer, da lässt er sich gerne nieder. Igel, Ratten, Mäuse, Kaninchen, Feldhasen und Tauben stehen auf dem Speiseplan, und hier findet er genug, um seinen großen Körper und eine ganze Familie zu ernähren.

◀ Totholz ist wichtig für den Buntspecht: für den Höhlenbau und die Insektensuche

XI
11

Am Rande: plane Gutes und rede darüber

Auf einem Friedhof begegnen wir nicht nur Blumen und Tieren, sondern auch Geschichten und Schicksalen. Menschen. Und uns selbst und unseren Gedanken. Zur eigenen Vergänglichkeit, zum eigenen Tod. Das ist keine Warnung, im Gegenteil. Ich finde es wichtig, sich damit zu befassen. Manche Menschen spüren beim Thema Tod nicht nur Scheu, sondern wirklich inneren Terror und abgrundtiefe Ängste, und sie vermeiden alles, was damit zu tun hat. Ich vermute, Sie gehören nicht dazu, sonst hätten Sie dieses Buch nicht bis hierhin gelesen. Wenn doch, gibt es die Möglichkeit, sich beratende oder therapeutische Hilfe zu holen, denn Vermeidung ist selten der richtige Weg. Aus Angst vor dem Tod verpasst man sonst sehr viel vom Leben. Und vergibt die Chance, den eigenen Tod gut zu planen. Auch das finde ich wichtig. Wenn jemand stirbt, haben alle anderen schon genug zu tun. Mit sich selbst und mit allem Organisatorischen. Schön und erleichternd, wenn sie wissen, wie der oder die Tote es am liebsten gehabt hätte. Planen Sie gut und reden Sie drüber. Noch besser: Schreiben Sie es auf. Das geht ganz formlos, sollte aber so genau wie möglich sein. Neben den Wünschen zu Bestattungsort, Grabart und einer möglichen Gestaltung können Sie auch aufschreiben, welches Lied auf der Trauerfeier gespielt werden soll und welcher Kuchen serviert wird. All das können Sie natürlich auch schon mit einem Bestattungsunternehmen regeln. Zum Testament sollte dieser Brief nicht unbedingt, denn das ist meist erst nach der Bestattung an der Reihe.

Dafür müssen Sie natürlich wissen, was Sie wollen. Friedhöfe zu besuchen, Sonne, Nebel, buntes Laub und Frühlingsblumen unter alten Bäumen zu erleben, Vögel, Schmetterlinge, Eichhörnchen, hilft, das herauszufinden. Mir hat es geholfen. Lange dachte ich, Bestattungsforst, ich und ein Baum, das wär' das Richtige. Und: Alle, die mich kennen, wissen ja, wie gerne ich Bäume mag, und werden schon das Richtige tun, wenn es dann so weit ist. Also, nicht groß drüber reden, Haken dran; und ganz ehrlich, wenn ich tot bin, bin ich tot und merke nichts mehr. Das sehe ich anders mittlerweile. Erstens möchte ich viel lieber auf einer Streuobstwiese beerdigt werden, weil einem auf einer Wiese voller Blumen und blühender Obstbäume einfach das Herz aufgeht. Und zweitens, wer seinen eigenen Tod gut plant, nutzt auch die Chance, seinen Teil dazu beizutragen, dass Friedhöfe erhalten bleiben und schöner werden.

◀ Im Todesfall ist es gut zu wissen, welche Form der Bestattung gewünscht wurde: unter einem Baum, auf einer Wiese oder im blumengeschmückten Grab?

So wird es noch paradiesischer

Alte Bäume so lange wie möglich erhalten, je älter, desto mehr Höhlen und Löcher und Risse haben sie und desto mehr Wohnungen für Fledermäuse, Vögel, Siebenschläfer und andere Bilche. Sind die Bäume noch jung und knackig, helfen Häuschen und Kästen, Wohnraum zu schaffen.

Damit Besucher sicheren Fußes – oder besser Kopfes – über den Friedhof wandern können, müssen immer mal wieder Bäume oder Teile davon gefällt werden. Die sollten als Totholz vor Ort erhalten bleiben. Einfach irgendwo als Haufen oder auch als Wegbegrenzung oder rustikale Bänke. Totholz ernährt zahlreiche Pilze, Käfer und viele andere Tiere, außerdem ist das mürbe Holz eine prima Nisthilfe für viele Wildbienen und andere Insekten. Die gekappten Baumstümpfe treiben oft noch mal aus und sehen sogar gut aus.

Wird aufgeforstet, dann idealerweise mit heimischen Bäumen, denn auf deren Blüten, Blätter und Früchte fliegen Insekten und Vögel. Außerdem sollten es Arten sein, die aushalten, was das sich wandelnde Klima ihnen an Trockenheit, Hitze und feuchtwarmen Wintern abverlangt. Bei allem Lob der Laubbäume sollten auch immergrüne Nadelhölzer dabei sein. Sie sind ganzjährig Unterschlupf für viele Tiere und bieten schon früh im Jahr blickdichte Nistplätze. Über ein paar Lücken im dichten Kronenschluss freuen sich Sträucher und anderer Unterwuchs wie Storchschnabel, Waldmeister oder Maiglöckchen, denn die mögen es licht.

Besondern bei Streuobstwiesen sollte jeder Baum viel Platz haben, sodass Wiesenblumen und Gräser genug Licht und Luft bekommen, um sich zu entfalten. Das sieht nicht nur schön aus, sondern ist ein wichtiger Lebensraum für all die Insekten, die im Frühjahr die Blüten bestäuben und die Vögel ernähren sollen, die dann wiederum Wickler und Würmer und Spanner und andere Obst-Mitesser in Grenzen halten.

Laub liegen lassen: Vom Rasen und von der Wiese kann es runter, grob zumindest, damit Luft und Licht ans Grün kommen, und von den

Wegen natürlich. Aber sonst soll es bleiben dürfen, in den Sträuchern, auf den Gräbern. Denn Laub ist die Nährstoff-Recyclingmethode der Natur und ernährt außerdem die Destruenten unter den Tieren. Im Laub überwintern Insekten oder ihre Eier, Igel natürlich auch. Und es wärmt den Pflanzen die Füße. Weil es schön isoliert und zusätzlich durch die bei der Verrottung entstehende Energie. Frühblüher kommen aus einer Laubschicht so früher ans Licht.

Hier ist es schon paradiesisch

- ***Friedhof Bornstedt, Potsdam:*** *Riesige Eichen, knorrige Eiben und mächtiger uralter Efeu, dazwischen freundlich blühende Obstbäume und zwischen all diesem Grün liegen die Gräber. Wer Potsdam besucht, sollte den Friedhof nicht auslassen.*
- ***Waldfriedhof Bad Homburg:*** *steht als gesamte Anlage unter Denkmalschutz und besticht mit den vielen tollen alten Bäumen.*
- ***Alleefriedhof Frankfurt an der Oder:*** *Neben der Fülle an Bäumen – große solitäre Rotbuchen und Kastanien, Alleen mit Birken und Ahorn, dazwischen Tannen und Baumhaselbüsche – gibt es noch eine Besonderheit: die Friedhofsmauer aus alten Feldsteinen.*
- ***Hauptfriedhof Stuttgart:*** *Die alten Bäume standen schon, als der Park vor rund 100 Jahren zum Friedhof wurde. Zusätzlich wurden Alleen entlang der Friedhofswege gepflanzt; es gibt Brunnen, und viele Bänke machen ihn zu einem schönen Ziel für einen erholsamen Ausflug.*
- ***Friedhof Junkerberg, Göttingen:*** *grüner Parkfriedhof mit einer Obstwiesengrab-Abteilung; zu Füßen der Bäume blüht im Sommer eine bunte Wiese.*

- ***Alter Friedhof Bonn:*** *Vor etwa 300 Jahre vor den Mauern der Stadt angelegt, liegt er heute fast im Zentrum. Bestanden mit alten Baumriesen, bildet er eine grüne Insel der Ruhe inmitten von Straßen, hohen Häusern und städtischer Geschäftigkeit.*
- ***Waldfriedhof Holzhausen:*** *ein noch eher junger Friedhof mitten in einem Buchen-Fichten-Hain in der Nähe der Externsteine in Ostwestfalen; allein dafür eine Reise wert.*
- ***Friedhof Kemminghausen, Dortmund:*** *am Stadtrand gelegen und voller alter Bäume; seit einigen Jahren gibt es dort eine Streuobstwiese für Baumbestattungen, auf einer eigenen kleinen Abteilung gelegen und mit kurzem, artenreichem Kräuterrasen zwischen den Baumgräbern.*
- ***Waldfriedhof Celle:*** *Ribbeckscher Garten heißt hier die extensiv gepflegte Obstbaumwiese, auf der man sich unter Kirsch-, Apfel- oder Birnbäumen bestatten lassen kann.*

Alte Obstsorten, blühende Wiesenpflanzen – auch sie machen einen Friedhof vielfältiger ▶

Am Rande: Bestattungsforste sind keine Friedhöfe

Der deutsche Wald als »Kirche der Natur«: Wer einmal bei Frühlingssonne in einem altehrwürdigen Buchenhain spazieren war, kann diese kitschige Metapher durchaus verstehen. Echte Wälder, wie die Natur sie geschaffen hat, gibt es aber hierzulande kaum noch. Meist sind es Forste, angelegt und bewirtschaftet, mit Wegen und Schildern, dort wird gejagt, abgeholzt und nachgepflanzt. Der Wald ist ein Wirtschaftsraum, aber trotzdem ein Sehnsuchtsort für alle, die zurück zur Natur wollen. Auch und gerade im Tod. Von einem Baum in die Arme genommen und in die Ewigkeit begleitet zu werden, ist für viele eine schöne Vorstellung, auch wenn der Gedanke, der Mensch und seine Teile würden sich dann in den Blättern des Baumes wiederfinden, so nicht ganz richtig ist. Je nach Schutzstatus der als Bestattungsforst ausgewiesenen Fläche müssen Urnen aus dauerhaftem Edelstahl verwendet werden, damit von der menschlichen Asche und all den Rückständen darin nichts in den Naturkreislauf gelangt. Oft werden aber auch Urnen aus abbaubarem Material erlaubt.

Bestattungsforste sind eine junge Institution. Und eine bestattungsrechtliche Sonderkonstruktion, nämlich keine Friedhöfe im eigentlichen Sinne. Der Friedhofsträger – Kirche oder Verwaltung – einer Kommune verleiht dem ausgewiesenen Stück Wald den Status eines Bestattungsplatzes. Mit der Trägerschaft wird dann eine Betreiberfirma beliehen, zum Beispiel »Friedwald« oder »Ruheforst«. Diese beantragen dann die Grundbucheinträge für die Grabbäume, kümmern sich um die Abläufe, die Parkplätze und die Vermarktung. Einen Baum im Bestattungsforst erwirbt man meist für die Nutzungsdauer von 99 Jahren, was ihn gegen Abholzung schützt und trotzdem für die Kommune Gewinn abwirft.

Die Grabpflege erledigt die Natur, so heißt es im Prospekt. Die macht das allerdings, nach Pietätsgesichtspunkten beurteilt, zuweilen recht ruppig: Sturmtiefs entwurzeln Bäume, Blitze schlagen ihnen die schönen Äste ab und eine Wildschweinrotte auf Futtersuche pflügt den weichen Waldboden um. Das kann dann ernüchternd sein, wenn die Angehörigen das Grab besuchen. Was gar nicht so einfach ist. Friedwälder liegen oft weit außerhalb und es gibt zwar Parkplätze, aber keine festen Wege und auch keine Toiletten. So ist es eigentlich gedacht, im Wald soll ja Ruhe sein.

Paradiesische Bestattungswälder

- *Ruheforst Flensburger Förde, Glücksburg: Hier wachsen Eichen, Buchen und Ahorne fast bis an die Ostsee, knorrig und wettergegerbt.*
- *Bestattungswald Terra Levis, Wiesbaden: klein, stadtnah und doch ruhig, mit angelegten Mulchwegen und Kiefern, Buchen und Eichen als Grabstätten.*
- *Friedwald am Elm: Der kleine Höhenzug bei Braunschweig ist nicht nur waldbewachsen, sondern auch voll mit Obstbäumen entlang der geschlungenen Straßen und Wege. Im Frühling blüht es überschwänglich, im Sommer leuchten die Früchte und im Herbst die bunten Blätter. Mittendrin liegt der kleine Bestattungsforst, der zu einem gewissen Teil barrierearm zu bewältigen ist.*
- *Trifelsruhe, Annweiler: Buchen, Eichen, Linden, aber auch Edelkastanien wachsen im Pfälzer Wald ganz prächtig. Hier stehen sie alle als Baumgräber zur Verfügung. Vom Friedhof aus haben die Lebenden eine schöne Sicht zum Trifels, zur gleichnamigen Burg und in die Ebenen der Obst- und Weinbaugebiete.*
- *Friedwald Reinhardswald, Kassel: In einem Naturpark gelegen, wurde 2001 der erste Bestattungsforst in Deutschland eröffnet. Mehr als 6000 Menschen sind hier bestattet. Im 200 Quadratkilometer großen Waldgebiet stehen Bäume aller Art, von Ahorn bis Weide, von Birke bis Blutbuche und Lärchen, Kiefern und Kastanien.*
- *Ruheforst Hümmel, Nordeifel: Ein Laubbaumbestand aus teilweise über 200 Jahre alten Bäumen, seltene Fledermausarten leben hier; seit die Bäume als Grabstellen genutzt werden, sind sie 99 Jahre vor Abholzung geschützt.*

Der Ruheforst Hümmel ist unter Totalschutz gestellt. Der Waldbestand bleibt dadurch intakt.

Warum Friedhöfe weiterhin wichtig sein werden

Zurück: Gedanken zur Zukunft

Jetzt sind wir am Ende der Tour. Und am Ende des Buches. Sie haben viel gelesen und viel gesehen, kennen selbst den einen oder anderen Friedhof aus eigenem Erleben. Auch ich habe bei der Recherche für dieses Buch noch mal weitere Friedhöfe besucht und jedes Mal mehr entdeckt und Neues gelernt. Und das sind ja nur die Friedhöfe in einem kleinen Teil der Welt und in einem ganz kleinen Zeitausschnitt der Menschheitsgeschichte.

Eines ist und war immer gleich: das Friedhofsgefühl. Tritt man durchs Tor, vom Parkplatz oder der Straße, aus der Geschäftigkeit des Alltags betritt man eine andere Welt. Die Stimmen werden leiser, die Schritte ruhiger. Schwere Gedanken werden angesichts der Ewigkeit klein und im guten Sinne unwichtig. Ähnlich dem, was man beim Meditieren oder Fliegen erleben kann, beim Surfen oder wenn man den Sternenhimmel anschaut. Einen Teil der Friedhöfe habe ich während des ersten Corona-Lockdowns im Frühjahr 2020 besucht. Cafés, Plätze und Parks waren gesperrt und geschlossen, alles war ungewohnt leer und ein bisschen bedrückend still. Aus der Leere draußen ging man durchs Tor und gelangte in genau das gleiche Friedhofgefühl wie immer, alles war ruhig und doch voller Leben und Energie.

Friedhöfe sind *wirklich* besondere Orte.

Wenn wir uns im Anthropozän befinden, wie es so schön heißt, also dem Zeitalter, in dem der Mensch der Erde seinen Stempel aufdrückt, wie sonst Gletscher, Vulkanausbrüche und Überschwemmungen, wenn er Berge versetzt, Meere aushöhlt und Inseln baut, dann sind Friedhöfe eins der schönsten Dingen, die wir geschaffen haben – neben Streuobstwiesen vielleicht.

◀ Unbefestigte Wege, dichte Hecken und ein bisschen Wildwuchs bringen uns dem Ziel, die Artenvielfalt zu fördern, ein Stückchen näher

Ich habe länger darüber nachgedacht, ob ich so klar pro Friedhof plädiere. Bei dem Thema findet man sich schnell wieder im Fahrwasser einer Diskussion zwischen Friedhofszwang- und Ordnungsbefürwortern, die glauben, der Friedhof wäre tot, wenn man die Regeln locker lässt, und der Gegenseite, die findet, der Friedhof wäre längst tot, erstickt unter Zierkoniferen und Grabsteingrößenvorschriften, weswegen es einfach erlaubt sein soll, dass jede und jeder mit seinen Toten macht, was sie und er möchten. Dabei möchte ich aber gar nicht mitdiskutieren.

Ich habe auch keinen »toten« Friedhof gesehen, weder einen solchen noch einen solchen. Meine Erfahrung: Kein Friedhof ist tot, jeder lebt, jeder ist anders und alle leben und verändern sich. Das wird auch immer so sein, denn so lange es Menschen gibt, werden sie auch sterben und müssen bestattet werden.

Allerdings glaube ich auch nicht, dass es dringend nötig ist, einen Toten an einem bestimmten Ort zu lagern, um sich seiner zu erinnern. Dass man sich am Grab dem Toten näher fühlt, liegt nicht daran, dass er dort liegt. Sondern dass es einen Ort gibt, an dem wir stehen und an ihn denken können, abseits des Alltags. Die Atmosphäre auf einem Friedhof macht uns dafür empfänglicher. Genau deshalb glaube ich aber, dass es gut ist, die Toten an einem zentralen Ort zu bestatten – damit es einen solchen Ort eben gibt, an dem all das möglich ist.

Der Naturschutz, der Lebensraum Friedhof – von all den Gründen, die es gibt, diese Orte zu erhalten, ist das für mich der wichtigste. Den kann es nur geben, wenn Menschen Friedhöfe für ihre Toten anlegen, die sich dann mit der Zeit in Naturparadiese verwandeln. Wenn wir es zulassen. Wenn wir mithelfen, geht es umso schneller. Auf vielen Friedhöfen ist das mittlerweile so wie auf unserem Friedhof hier im Buch. Sieht es also unter den Hecken und am Wegesrand oder auf dem Grab nebenan mal ein bisschen wild

und ungepflegt aus, dann ist hier meist planvoll die Friedhofsverwaltung am Werke, den Friedhof lebendiger zu machen. Oder ein Grabnutzer. Oder die Natur selbst. Ein unordentlicher Friedhof ist ein bunter Lebensraum für viele Tiere, der beste Artenschutz, den es gibt, ohne dass wir Menschen uns viel Mühe geben müssen. Die Friedhöfe machen es von ganz allein, man muss sie nur lassen. Und in jedem Dorf und in jeder Stadt haben wir solche Orte!

Der Natur- und Artenschutz schließt letztendlich uns Menschen ein, nicht nur weil Friedhöfe unsere Luft besser machen. Auch seelisch. Menschen sind intelligente, sozial lebende Wesen. Einen Ort zu haben, an dem die Lebenden sich mit den Toten verbunden fühlen können, ist wichtig. Der Kreislauf des Lebens, Vergehen und Entstehen – besser symbolisieren als die Natur selbst können das keine Riten oder Reden, keine Satzungen oder Sprüche auf dem Grabstein. So sind die für unsere Toten geschaffenen Stätten nicht nur voll lebendiger Natur, sondern sind auch grüne Inseln im Alltag der Lebenden.

> *Oh, the tree of life is growing*
> *Where the spirit never dies*
> *And the bright light of salvation shines*
> *In dark and empty skies*
> *(…)*
> *Just remember that death is not the end*
>
> *(Bob Dylan)*

Der Tod ist nicht das Ende. Ganz bestimmt nicht für Friedhöfe und für all die Natur dort. Für diese ist der Tod erst der Anfang.

Die Autorin

Sigrid Tinz ist freie Journalistin, Autorin und Referentin für Umwelt-, Natur- und Gartenthemen. Die Geoökologin lebt mit ihren vier Kindern, der Katzendame Miezi und Schäferhündin Mary im Münsterland. Lebensräume für die heimische Tier- und Pflanzenwelt liegen ihr am Herzen, seit Kindertagen ist sie ihnen bei Friedhofsbesuchen auf der Spur. Von Sigrid Tinz sind im pala-verlag bereits erschienen: »Selbst ist die Pflanze«, »Haufenweise Lebensräume«, »Friede den Maulwürfen!« und »Enkeltauglich gärtnern«.

Naturerlebnis vor der Haustür

Sigrid Tinz:
Selbst ist die Pflanze
ISBN: 978-3-89566-372-7

Farina Graßmann:
Wunderwelt Totholz
ISBN: 978-3-89566-401-4

Peter Wohlleben:
Bäume verstehen
ISBN: 978-3-89566-365-9

Uwe Westphal:
Das große Buch der Gartenvögel
ISBN: 978-3-89566-375-8

Gesamtverzeichnis bei:
pala-verlag, Am Molkenbrunnen 4, 64287 Darmstadt, www.pala-verlag.de